チャート式®

数学 1年

準拠ドリル

数研出版
https://www.chart.co.jp

本書の特長と構成

本書は「チャート式 中学数学 1年」の準拠問題集(じゅんきょもんだいしゅう)です。
本書のみでも学習可能ですが，参考書とあわせて使用することで，さらに力がのばせます。

特長

1. チェック→トライ→チャレンジの3ステップで，段階的に学習できます。
2. 巻末のテストで，学年の総まとめと入試対策の基礎固めができます。
3. 参考書の対応ページを掲載(けいさい)。わからないときやもっと詳(くわ)しく知りたいときにすぐに参照できます。

構成

1項目(こうもく)あたり見開き2ページです。

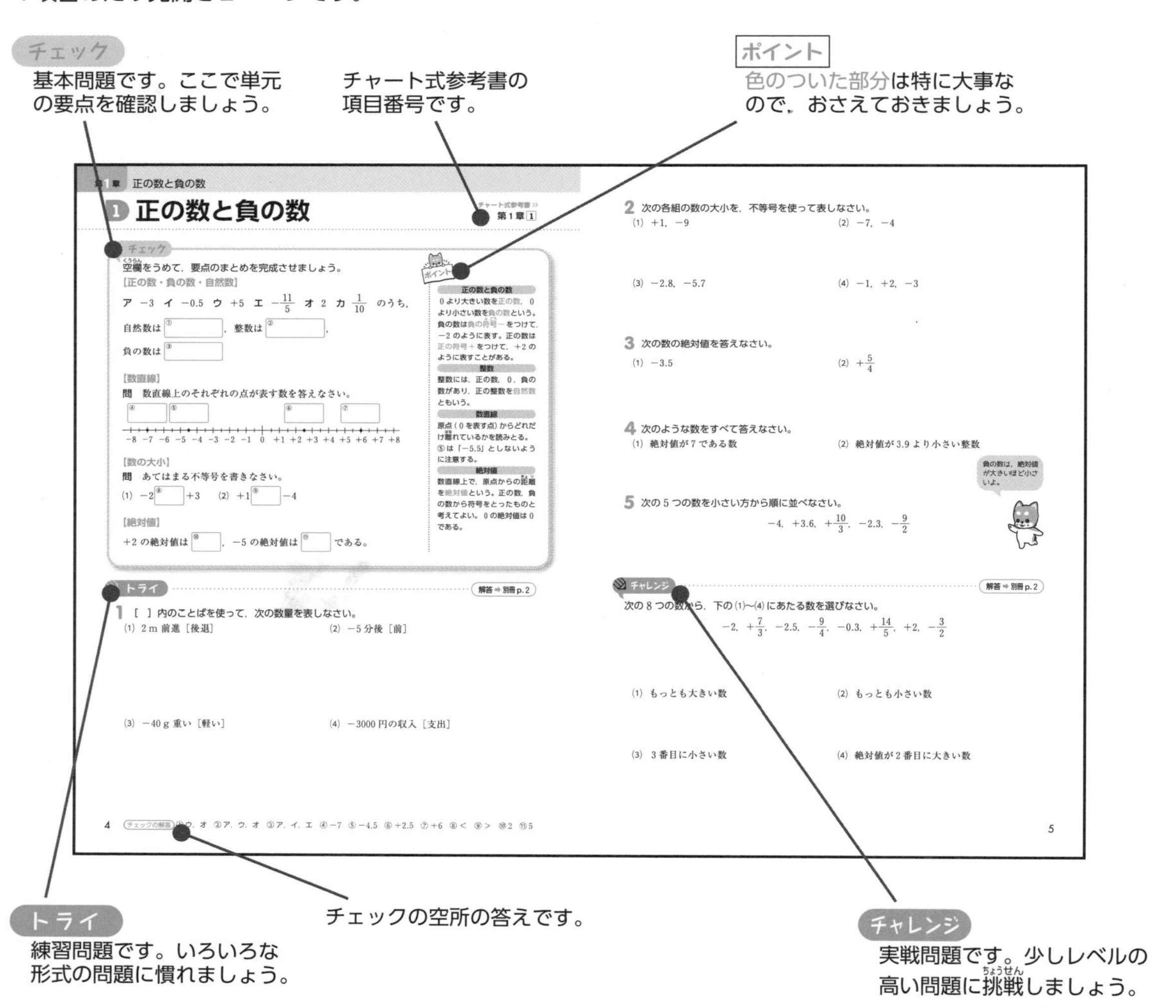

確認問題 章ごとに学習内容が定着しているか確認する問題です。

入試対策テスト 学年の総まとめと入試対策の基礎固めを行うテストです。

もくじ

一緒（いっしょ）に
がんばろう！

数研出版公式キャラクター
数犬 チャ太郎

1 正の数と負の数

チャート式参考書 ≫
第１章 1

チェック

空欄(くうらん)をうめて，要点のまとめを完成させましょう。

【正の数・負の数・自然数】

ア -3　**イ** -0.5　**ウ** $+5$　**エ** $-\frac{11}{5}$　**オ** 2　**カ** $\frac{1}{10}$　のうち，

自然数は ①［　　］，整数は ②［　　］，

負の数は ③［　　］

【数直線】

問　数直線上のそれぞれの点が表す数を答えなさい。

④［　　］ ⑤［　　］ ⑥［　　］ ⑦［　　］

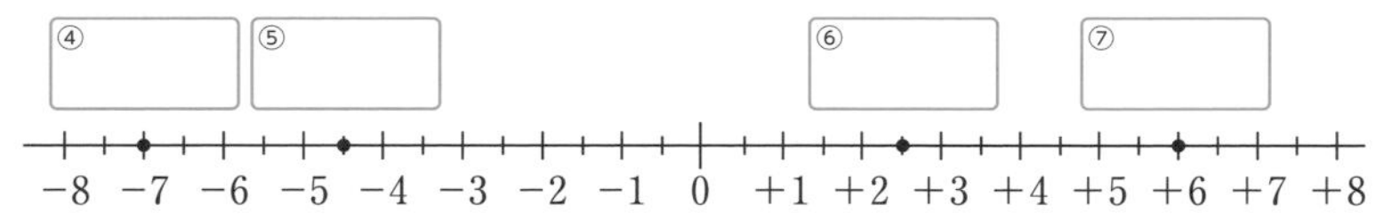

【数の大小】

問　あてはまる不等号を書きなさい。

(1)　-2 ⑧［　］ $+3$　　(2)　$+1$ ⑨［　］ -4

【絶対値】

$+2$ の絶対値は ⑩［　］，-5 の絶対値は ⑪［　］ である。

正の数と負の数

0 より大きい数を正の数，0 より小さい数を負の数という。負の数は負の符号(ふごう)－をつけて，-2 のように表す。正の数は正の符号＋をつけて，$+2$ のように表すことがある。

整数

整数には，正の数，0，負の数があり，正の整数を自然数ともいう。

数直線

原点（0 を表す点）からどれだけ離(はな)れているかを読みとる。
⑤は「-5.5」としないように注意する。

絶対値

数直線上で，原点からの距離(きょり)を絶対値という。正の数，負の数から符号をとったものと考えてよい。0 の絶対値は 0 である。

トライ

解答 ➡ 別冊 p. 2

1　［　］内のことばを使って，次の数量を表しなさい。

(1)　2 m 前進［後退］　　(2)　-5 分後［前］

(3)　-40 g 重い［軽い］　　(4)　-3000 円の収入［支出］

チェックの解答　①ウ，オ　②ア，ウ，オ　③ア，イ，エ　④ -7　⑤ -4.5　⑥ $+2.5$　⑦ $+6$　⑧ <　⑨ >　⑩ 2　⑪ 5

2 次の各組の数の大小を，不等号を使って表しなさい。

(1) $+1$，-9

(2) -7，-4

(3) -2.8，-5.7

(4) -1，$+2$，-3

3 次の数の絶対値を答えなさい。

(1) -3.5

(2) $+\frac{5}{4}$

4 次のような数をすべて答えなさい。

(1) 絶対値が 7 である数

(2) 絶対値が 3.9 より小さい整数

5 次の 5 つの数を小さい方から順に並べなさい。

$$-4,\quad +3.6,\quad +\frac{10}{3},\quad -2.3,\quad -\frac{9}{2}$$

チャレンジ

解答 ➡ 別冊 p. 2

次の 8 つの数から，下の (1)〜(4) にあたる数を選びなさい。

$$-2,\quad +\frac{7}{3},\quad -2.5,\quad -\frac{9}{4},\quad -0.3,\quad +\frac{14}{5},\quad +2,\quad -\frac{3}{2}$$

(1) もっとも大きい数

(2) もっとも小さい数

(3) 3 番目に小さい数

(4) 絶対値が 2 番目に大きい数

2 加法と減法

チャート式参考書 >> 第1章 2

チェック

空欄(くうらん)をうめて，要点のまとめを完成させましょう。

【符号(ふごう)が同じ 2 つの数の和】

$(-6)+(-2)=$ ① $(6+2)=$ ②

共通の符号　絶対値の和

【符号が異なる 2 つの数の和】

$(-1)+(+5)=$ ③ $(5-1)=$ ④

絶対値の大きい方の符号　絶対値の差

【加法の計算法則】

$(+5)+(-7)+(+9)+(-8)$

$=(+5)+(+9)+($ ⑤ $)+(-8)=(+14)+($ ⑥ $)=$ ⑦

正の数どうし，負の数どうしで計算する

【正の数をひく】

$(-8)-(+15)=(-8)+($ ⑧ $)=-(8+15)=$ ⑨

符号をかえる　加法

【負の数をひく】

$(+11)-(-6)=(+11)+($ ⑩ $)=+(11+6)=$ ⑪

符号をかえる　加法

【加法と減法の混じった式】

$-8-(-21)+(-14)+5$

$=-8$ ⑫ $-14+5=-8-14+21+5=-22+26=$ ⑬

ポイント

加法

符号が同じ→絶対値の和を計算する。答えには共通の符号がつく。

符号が異なる→絶対値の差を計算する。答えには絶対値の大きい方の符号がつく。

3 つ以上の数のたし算

❶数を並びかえる

❷正の数どうし，負の数どうしで計算する

減法

ひく数の符号を変えてたす。

加法と減法の混じった式の計算

❶加法になおす。

❷項(こう)を並びかえる。

❸正の項，負の項でそれぞれまとめる。

トライ

解答 ➡ 別冊 p. 2

1 次の計算をしなさい。

(1) $(+31)+(+29)$

(2) $(-62)+(+46)$

(3) $(+13)+(-37)$

(4) $0+(-7)$

(5) $(-14)+(+27)+(-17)$

(6) $(-63)+(-36)+(-15)+(+63)$

チェックの解答 ① − ② −8 ③ + ④ +4 ⑤ −7 ⑥ −15 ⑦ −1 ⑧ −15 ⑨ −23 ⑩ +6 ⑪ +17 ⑫ +21 ⑬ 4

2 次の計算をしなさい。

(1) $(-34)-(+52)$

(2) $(+14)-(-16)$

(3) $(-28)-(-28)$

(4) $0-(+12)$

(5) $(+2.1)-(+5.6)$

(6) $(-4.5)-(+2.3)$

(7) $\left(+\frac{3}{4}\right)+\left(-\frac{1}{2}\right)$

(8) $\left(+\frac{2}{3}\right)-\left(-\frac{4}{5}\right)$

3 次の計算をしなさい。

(1) $4+(-3)-5$

(2) $24+(-17)-(-31)-18$

(3) $0.8-(-1.6)-2.5$

(4) $-3.7+4.2-(+0.8)+(-2.6)$

(5) $\frac{2}{3}-\left(-\frac{1}{4}\right)+\frac{1}{6}$

(6) $-\frac{5}{6}+\frac{1}{3}-\left(-\frac{1}{2}\right)-\frac{1}{4}$

チャレンジ

解答 ➡ 別冊 p. 3

次の計算をしなさい。

(1) $\frac{7}{12}-\left\{-\frac{1}{6}-\left(-\frac{3}{4}\right)\right\}$

(2) $\frac{2}{3}-\left\{0.6-\left(\frac{4}{15}-\frac{3}{5}\right)\right\}$

かっこは内側からはずすよ。

3 乗法と除法

チャート式参考書 >> 第1章 3

チェック

空欄(くうらん)をうめて，要点のまとめを完成させましょう。

【符号(ふごう)が同じ 2 つの数の積】

$(-4)\times(-12)=$ ① $(4\times12)=$ ②

正の符号　絶対値の積

【符号が異なる 2 つの数の積】

$(-9)\times(+5)=$ ③ $(9\times5)=$ ④

負の符号　絶対値の積

【乗法の計算法則】

$(+2)\times(+3)\times(-5)=(+2)\times$ ⑤ $\times(+3)$

交換法則で並びかえる　計算がらくなものを先に計算

$=(-10)\times(+3)=$ ⑥

【累乗(るいじょう)】

(1) $3^2=3\times3=$ ⑦　(2) $-3^2=-(3\times3)=$ ⑧

【逆数】

$\frac{3}{4}$ の逆数は ⑨，-3 の逆数は ⑩

【除法を乗法になおして計算】

$\frac{9}{7}\div(-18)=\frac{9}{7}\times$ ⑪ $=-\left(\frac{9}{7}\times\frac{1}{18}\right)=$ ⑫

乗法　−18 の逆数

【乗除の混じった計算】

$-\frac{1}{3}\div\frac{2}{9}\times\left(-\frac{4}{15}\right)=-\frac{1}{3}\times$ ⑬ $\times\left(-\frac{4}{15}\right)$

逆数をかける乗法になおす

$=+\left(\frac{1}{3}\times\frac{9}{2}\times\frac{4}{15}\right)=$ ⑭

ポイント

乗法と除法

絶対値の積（商）を計算する。
符号が同じ→答えには正の符号＋がつく。
符号が異なる→答えには負の符号－がつく。

乗法の計算法則

- 交換法則
  □×○＝○×□
- 結合法則
  (□×○)×△＝□×(○×△)

累乗

同じ数をいくつかかけ合わせたものを，その数の累乗という。

逆数

積が 1 になる 2 つの数の一方を他方の逆数という。
負の数の逆数は負の数である。
また，0 の逆数はない。

除法の乗法へのなおし方

ある数でわることは，その数の逆数をかけることと同じである。つまり，わる数を逆数になおして，乗法にすればよい。

乗除の混じった計算

❶乗法になおす。
❷答えの符号をきめる。
（負の項(こう)が偶数個(ぐうすうこ)なら＋，奇数個(きすうこ)なら－）
❸絶対値の計算をする。

チェックの解答　① ＋　② ＋48　③ －　④ －45　⑤ －5　⑥ －30　⑦ 9　⑧ －9　⑨ $\frac{4}{3}$　⑩ $-\frac{1}{3}$　⑪ $-\frac{1}{18}$　⑫ $-\frac{1}{14}$　⑬ $\frac{9}{2}$　⑭ $\frac{2}{5}$

トライ

解答 ➡ 別冊 p. 3

1 次の計算をしなさい。

(1) $(-18)\times(-12)$

(2) $25\times(-42)$

(3) $(-11)\times 0$

(4) $(-63)\div(-7)$

(5) $-84\div 14$

(6) $0\div(-11)$

2 次の計算をしなさい。

(1) $(-5)\times 7\times(-2)\times 9$

(2) $\frac{1}{25}\times(-8)\times(-5)\times\left(-\frac{1}{4}\right)$

(3) -4^2

(4) $\left(-\frac{1}{3}\right)^4$

(5) $2.5\times(-4)\div(-5)$

(6) $3\div(-0.5)\times 4$

(7) $(-6)\times 7\times(-4)\div 3$

(8) $-\frac{9}{10}\div\left(-\frac{3}{2}\right)\div\frac{4}{5}\times\left(-\frac{2}{15}\right)$

チャレンジ

解答 ➡ 別冊 p. 3

次の計算をしなさい。

(1) $\left(\frac{3}{2}\right)^2\div 3\times\left(-\frac{2}{3}\right)^3\times 3^2$

(2) $\left(-\frac{1}{4}\right)^2\div\frac{5}{4}\times(-5)^2\div\left(-\frac{1}{2}\right)^3$

累乗から計算しよう。

4 いろいろな計算①

チャート式参考書 ≫ 第1章 4

チェック

空欄（くうらん）をうめて，要点のまとめを完成させましょう。

【四則の混じった式の計算】

$18\div(-3)+5\times(2-4)^2$

かっこの中を計算

$=18\div(-3)+5\times$ ① $^2=18\div(-3)+5\times$ ②

累乗を計算　乗法・除法を計算

$=$ ③ $+20=$ ④

加法を計算

【分配法則を利用した計算】

$\left(\frac{9}{8}-\frac{5}{6}\right)\times24=$ ⑤ $\times24-\frac{5}{6}\times$ ⑥

$=27-20=$ ⑦

【数の集合と四則】

ア -3　イ 5　ウ $\frac{3}{2}$　エ 12　オ -2　カ 7　キ 4.5　のうち，

自然数の集合にふくまれる数は ⑧ ，

整数の集合にふくまれる数は ⑨

ポイント

四則の混じった式の計算

次の順に計算する。

❶累乗（るいじょう）・かっこの中

❷乗法・除法

❸加法・減法

分配法則

□×(○＋△)＝□×○＋□×△

(○＋△)×□＝○×□＋△×□

数の集合

すべての数

$\frac{2}{3}$, -1.5, 3.14, ……

整数

……, -1, -0,

自然数

1, 2, ……

トライ

解答 ➡ 別冊 p. 3

1 次の計算をしなさい。

(1) $7+3\times(-5)$

(2) $4^2+12\div(-3)$

(3) $3\times(-6)-(-56)\div7$

(4) $(-4)\div0.5+5\times(-0.6)$

(5) $\left(-\frac{3}{2}\right)^3-\frac{3}{4}\div\left(-\frac{3}{2}\right)$

(6) $12-(3-5)^2\div4+(-2)^3$

チェックの解答 ① -2　② 4　③ -6　④ 14　⑤ $\frac{9}{8}$　⑥ 24　⑦ 7　⑧ イ，エ，カ　⑨ ア，イ，エ，オ，カ

2 次の計算をしなさい。

(1) $45\times\left(\frac{4}{15}-\frac{8}{9}\right)$

(2) $18\times(-7)+32\times(-7)$

(3) $(-24)\div(3-5)$

(4) $(3^2-6)\times(-4)$

(5) $\{(-3)^2+4\}\times(-3)$

(6) $(-6^2)\div\{5+(-2)^2\}$

(7) $(-2)^3+\{9-(-7)^2\}\div(-4)$

(8) $(3-6)\div\{(-2)^2+(-1)^3\}$

3 2つの負の整数で，ア 加法　イ 減法　ウ 乗法　エ 除法　の計算をする。計算の結果についての次の問いに，ア～エの記号で答えなさい。

(1) 結果がいつでも負の数になる計算はどれか。

(2) 結果がいつでも自然数になる計算はどれか。

(3) 結果がいつでも整数になるとはかぎらない計算はどれか。

チャレンジ

解答 ➡ 別冊 p. 4

次の計算をしなさい。

(1) $\left\{\left(\frac{2}{3}\right)^2-\left(-\frac{3}{2}\right)^2\right\}\div\left(-\frac{5}{6}\right)$

(2) $\frac{5}{3}\times0.8+\left\{\frac{3}{4}-\left(-\frac{5}{9}\right)\times\left(-\frac{3}{2}\right)\right\}^2\div\left(-\frac{1}{2}\right)^3$

5 いろいろな計算②

チャート式参考書 >> 第1章 4

チェック

空欄(くうらん)をうめて，要点のまとめを完成させましょう。

ポイント

【素数】

約数が1とその数自身のみである自然数を素数という。もっとも小さい素数は ①[ ]， 2けたの素数のうちもっとも小さいものは ②[ ] である。

【素因数分解】

素因数分解
自然数を素因数（素数である約数）の積の形に表すこと。

問 90を素因数分解しなさい。

解答

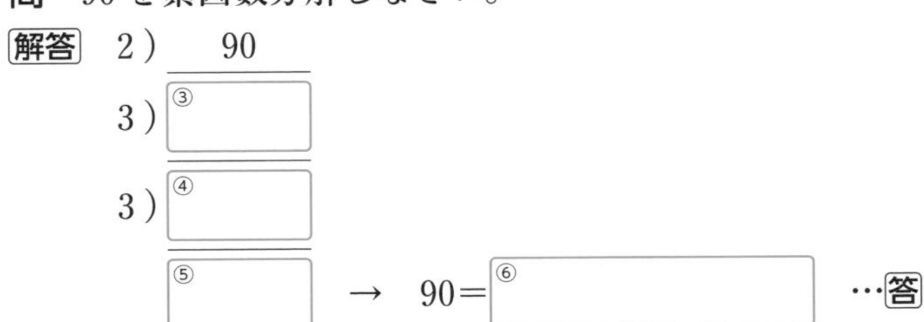

2) 90
3) ③[ ]
3) ④[ ]
⑤[ ] → 90＝⑥[ ] …答

累乗の積の形で表す

【素因数分解と平方】

素因数分解の平方
□² である自然数は，素因数分解したとき累乗(るいじょう)の指数が偶数(ぐうすう)になる。
例 $36=6^2$
36を素因数分解すると，
$36=2^2\times3^2$

問 $441=\square^2$ となる自然数□を求めなさい。

解答 441を素因数分解すると，$441=3^2\times7^2$

$441=(3\times7)^2=$ ⑦$[\ \ ]^2$　よって，□＝⑦[ ] …答

【正の数・負の数の利用（仮平均）】

右の表は，生徒4人の身長が165 cmより何cm高いかを示したものである。165 cmとのちがいの平均は，

生徒	A	B	C	D
ちがい (cm)	＋1	−3	＋6	−2

$$\frac{(+1)+(-3)+(+6)+(-2)}{⑧\square}=\frac{1}{2}=0.5\ (\text{cm})$$

となるので，4人の身長の平均は，165＋0.5＝⑨[ ] (cm)

トライ

解答 ➡ 別冊 p. 4

1 次の数を素因数分解しなさい。

(1) 132　　(2) 735

チェックの解答 ① 2　② 11　③ 45　④ 15　⑤ 5　⑥ $2\times3^2\times5$　⑦ 21　⑧ 4　⑨ 165.5

2 28にできるだけ小さな自然数をかけて，ある自然数の平方にするには，どのような自然数をかければよいか求めなさい。

素因数分解したとき，累乗の指数がすべて偶数になればいいね。

3 右の表は，5個の品物A，B，C，D，Eの重さと，100 gとの重さのちがいを表したものである。このとき，次の問いに答えなさい。

品物	A	B	C	D	E
ちがい (g)	＋1.2	－1.5	－0.8	－0.2	＋2.8

(1) 5個の品物の100 gとのちがいの合計を求めなさい。

(2) 5個の品物の重さの合計を求めなさい。

4 右の表は，ある週の5日間の最高気温と20°Cとのちがいを表したものである。このとき，5日間の最高気温の平均を求めなさい。

曜日	月	火	水	木	金
ちがい (°C)	－2.4	－1.5	＋1.8	＋0.5	－1.4

チャレンジ

解答 ➡ 別冊 p. 4

右の表は，5教科のテストそれぞれの得点と数学の得点とのちがいを表したものである。

教科	国語	数学	英語	理科	社会
ちがい (点)	＋12	0	－10	＋8	＋15

(1) 国語と英語の得点の差を求めなさい。

(2) 5教科の平均が60点であるとき，理科の得点を求めなさい。

表にまとめられているのは，数学の得点を基準としたときの基準とのちがいだね。

確認問題①

解答➡別冊 p. 4

1 数直線上に，次の数を表す点をかき入れなさい。

$-\frac{4}{3}$　　-2.5　　$+\frac{9}{2}$　　-5　　$+\frac{3}{4}$

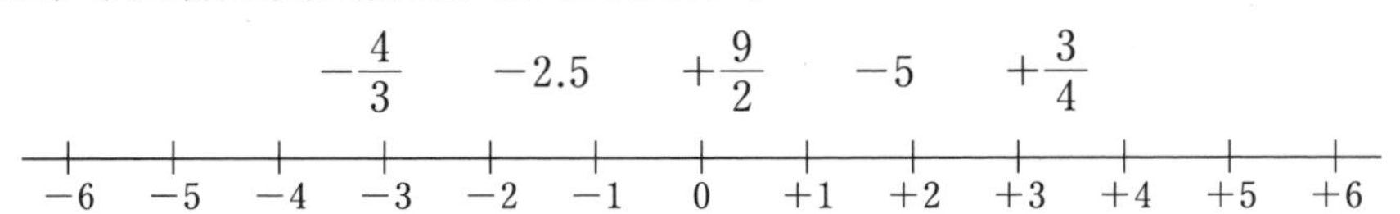

2 次の数についてあとの問いに答えなさい。

2　　-0.5　　$\frac{5}{3}$　　-3　　0　　$-\frac{1}{4}$　　1

(1) 自然数をすべて選びなさい。

(2) 絶対値がもっとも大きい数を答えなさい。

3 次の計算をしなさい。

(1) $-4+(-13)$

(2) $0.25-0.9$

(3) $-\frac{2}{7}-\left(-\frac{1}{5}\right)$

(4) $-19\times(-3)$

(5) $-6\div(-2)$

(6) $(-3)^3$

4 次の計算をしなさい。

(1) $25-(-9)+(-17)$

(2) $\frac{9}{4}-\left(-\frac{2}{3}\right)+(-2)$

(3) $3-\left\{8-\left(0.75+\frac{1}{4}\right)\right\}$

(4) $1.5\times3\times(-8)$

(5) $\frac{6}{7}\div(-3)\times\left(-\frac{1}{9}\right)$

(6) $\frac{3}{8}\div\left(-\frac{1}{2}\right)^2\times\left(\frac{1}{6}\right)^2\div(-0.2)$

5 次の計算をしなさい。

(1) $-3.7\times1.4-(-3.7)\times2.4$

(2) $-5+\left(-\frac{3}{2}+3^2\right)\div\frac{1}{6}$

(3) $\left(\frac{5}{21}-\frac{2}{9}\right)\times63-\left(\frac{1}{2}\right)^2\div\frac{3}{5}$

(4) $7\div\left\{(-0.75)^2+\frac{5}{16}\right\}-6\times0.5$

6 次の数を素因数分解しなさい。

(1) 102

(2) 520

(3) 1089

7 次の問いに答えなさい。

(1) 588 をできるだけ小さな自然数でわって，ある自然数の平方にするには，どのような自然数でわればよいか求めなさい。

(2) 455 を，(2 けたの自然数)×(2 けたの自然数) の形で表しなさい。

8 右の表は，6 人の生徒 A，B，C，D，E，F それぞれの体重と，B の体重とのちがいを表したものである。このとき，次の問いに答えなさい。

生徒	A	B	C	D	E	F
ちがい (kg)	+5	0	−2	+10	−9	+8

(1) A と C の体重の差を求めなさい。

(2) 6 人の体重の平均が 56 kg であるとき，F の体重を求めなさい。

6 文字と式

チャート式参考書 ≫
第2章 5

チェック

空欄(くうらん)をうめて，要点のまとめを完成させましょう。

【文字を使った式】

文字式の表し方にしたがって表しなさい。

(1) $x\times11=$ ①
数は文字の前に書く

(2) $y\times5\times y=$ ②
同じ文字は累乗でまとめる

(3) $(m+n)\div6=$ ③
1つの文字と考える

(4) $a\times7\div b=$ ④
$7a$

【いろいろな数量の表し方】

文字式で表しなさい。

(1) 10円硬貨(こうか) a 枚と50円硬貨 b 枚の金額の合計

…$10\times a+50\times b=$ ⑤ (円)

(2) 2400 g の x %…$2400\times\dfrac{x}{⑥}=$ ⑦ (g)

【速さの問題】

問　x km の道のりを10分間で走ったときの速さは時速何 km か求めなさい。

解答　10分$=\dfrac{10}{60}$時間$=$ ⑧ 時間なので，時速は，

$x\div$ ⑧ $=$ ⑨ (km)　…答

【式の値(あたい)】

$a=2$ のとき，式 $3a+1$ の値は，

$3a+1=3\times$ ⑩ $+1=6+1=$ ⑪
a に2を代入

ポイント

文字式の表し方
・かけ算の記号×ははぶく。
・文字と数の積は，数を文字の前に書く。
・同じ文字の積は，指数を使う。
・異なる文字の積は，ふつうアルファベット順に書く。
・わり算は分数の形で表す。
・かっこがついた和や差は，それを1つの文字と考える。

割合の表し方
a g の x % は $\left(a\times\dfrac{x}{100}\right)$ g

速さの問題
単位が異なるときは，単位をそろえる。
x km$=1000x$ m，
x m$=\dfrac{x}{1000}$ km
x 時間$=60x$ 分，x 分$=\dfrac{x}{60}$ 分 など。

式の値
式の中の文字を数におきかえることを，文字を数に代入するといい，その計算結果を，その式の値という。

トライ

解答 ➡ 別冊 p.5

1　次の式を，文字式の表し方にしたがって表しなさい。

(1) $x\times y\times(-4)\times y$　(2) $b\times0.1$　(3) $x\div y\div(-5)$

チェックの解答　① $11x$　② $5y^2$　③ $\dfrac{m+n}{6}$　④ $\dfrac{7a}{b}$　⑤ $10a+50b$　⑥ 100　⑦ $24x$　⑧ $\dfrac{1}{6}$　⑨ $6x$　⑩ 2　⑪ 7

2 次の式を，文字式の表し方にしたがって表しなさい。

(1) $a+(b+c)\div(-8)$　　(2) $(a+b)\times 2\div(c+d)$

3 次の式を，×や÷を使って表しなさい。

(1) $-3xy^2$　　(2) $\dfrac{b}{6a}$　　(3) $\dfrac{a(x-y)}{4}$

分数は，かけ算になおしてみよう。

4 次の数量を文字式で表しなさい。

(1) 1 個 a 円のりんごを 5 個買って，1000 円で支払うときのおつり

(2) x % の食塩水 150 g にふくまれる食塩の重さ

(3) 全部で x km ある道のりを，分速 80 m で y 分歩いたときの残りの道のり

5 次の式の値を求めなさい。

(1) $x=5$ のとき　$-\dfrac{5}{x}$　　(2) $a=-7$ のとき　$\dfrac{6-7a}{5}$

(3) $x=-2$，$y=5$ のとき　x^2+3y　　(4) $a=\dfrac{1}{3}$，$b=-\dfrac{3}{2}$ のとき　$\dfrac{1}{a-b}$

チャレンジ

解答 ➡ 別冊 p. 5

右の図のように，同じ大きさの石を等しい間隔(かんかく)で六角形の形に並べる。

(1) 1 辺に n 個の石を並べるときに必要な石の個数を，n の式で表しなさい。

(2) 1 辺に 17 個の石を並べるときに必要な石の個数を求めなさい。

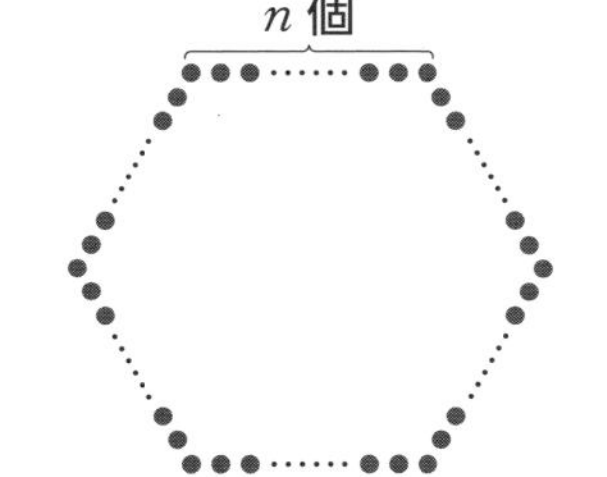

7 文字式の計算（加減）

チャート式参考書 >> 第2章 6

チェック

空欄（くうらん）をうめて，要点のまとめを完成させましょう。

【項と係数】

式 $2a+3$ の，項は ① ☐，a の係数は ② ☐ である。

【1次式をまとめる】

$2x+3+5x=2x+5x+3=(2+5)x+3=$ ③ ☐

交換法則　係数の計算

【1次式の加法・減法】

(1) $(a-4)+(2a+3)=a-4+2a+3$

かっこをはずす

$=a+2a-4+3=$ ④ ☐

(2) $(-5x+6)-(8+3x)=-5x+6$ ⑤ ☐

符号を変えてかっこをはずす

$=-5x-3x+6-8=$ ⑥ ☐

項と係数

例 $-3x-4=-3x+(-4)$
＋で結ばれた $-3x$，-4 を，式 $-3x-4$ の項という。また，項 $-3x$ の数の部分 -3 を x の係数という。

1次式

文字が1つだけの項を1次の項といい，1次の項だけ，あるいは，(1次の項)＋(数の項)のような式を，1次式という。
1次式では，同じ文字の項はまとめることができる。
$ax+bx=(a+b)x$
$ax-bx=(a-b)x$

1次式の加法・減法

かっこをはずして文字の項・数の項をまとめる。
＋(　)→そのままはずす。
－(　)→符号（ふごう）を変えてはずす。

トライ

解答 ➡ 別冊 p.6

1 次の式の項と，文字をふくむ項の係数を答えなさい。

(1) $-\frac{1}{3}x-5$　　(2) $x-y+6$

(2) 文字の項は2つあるね。

2 次のア～クの式から1次式をすべて選んで記号で答えなさい。

ア $xy+2$　イ $\frac{x}{2}$　ウ -8　エ $3x+10$　オ y^2　カ a　キ $m-n$　ク $7b-\frac{1}{5}$

チェックの解答 ① $2a$，3　② 2　③ $7x+3$　④ $3a-1$　⑤ $-8-3x$　⑥ $-8x-2$

3 次の計算をしなさい。

(1) $-3x+13x$

(2) $\frac{5}{3}a-\frac{4}{5}a$

(3) $0.5a-2+0.1a$

(4) $2x+12-14x+1$

4 次の計算をしなさい。

(1) $(2a+7)+(-a+9)$

(2) $(-3x+1)+(8x+4)$

(3) $(6a+3)-(4a+8)$

(4) $(5x-2)-(3x-3)$

(5) $\left(a-\frac{1}{3}\right)+\left(-\frac{2}{3}a+1\right)$

(6) $\left(-\frac{1}{6}x-4\right)-\left(\frac{3}{4}x-1\right)$

5 次の 2 つの式の和を求めなさい。また，左の式から右の式をひいた差を求めなさい。

(1) $4a+2$，$2a-5$

(2) $3x-7$，$-2x+1$

チャレンジ

解答 ➡ 別冊 p. 6

ある式に $2x+3$ をたすと，$7-4x$ になる。このとき，ある式を求めなさい。

8 文字式の計算（乗除）

チャート式参考書 ≫ 第2章 7

チェック

空欄(くうらん)をうめて，要点のまとめを完成させましょう。

【1次式と数の乗法・除法】

(1) $3x\times(-2)=$ ① $\times$ ② $\times x=$ ③

（①×②：係数と数の積）

(2) $(-6a)\div\frac{1}{2}=-6\times$ ④ $\times a=$ ⑤

（$\div\frac{1}{2}$：乗法になおす　$-6\times$④：係数と数の積）

【項(こう)が2つある1次式と数の乗法・除法】

(1) $(2x+1)\times5=2x\times($ ⑥ $)+1\times($ ⑦ $)=$ ⑧

(2) $(-3y+6)\div3=(-3y+6)\times$ ⑨

（$\div3$：乗法になおす）

$=-3y\times\frac{1}{3}+6\times\frac{1}{3}=$ ⑩

【分数の形の式と数の乗法】

$\frac{6x-3}{5}\times10=\frac{(\text{⑪})\times\overset{2}{10}}{5}=($ ⑪ $)\times$ ⑫

$=6x\times2-3\times2=$ ⑬

【かっこをふくむ式の計算】

$5(3x-4)-3(x+3)$

$=5\times3x+5\times(-4)+($ ⑭ $)\times x+($ ⑮ $)\times3$

$=15x-20-3x-9=$ ⑯

ポイント

1次の項と数の乗法

係数と数の積を求めて文字をつける。

1次の項と数の除法

逆数をかける乗法になおす。

1次式と数の乗法・除法

・項が2つある1次式と数の乗法は，分配法則を利用する。

$(a+b)\times c=ac+bc$

$a\times(b+c)=ab+ac$

・除法は，逆数をかける乗法になおす。

分数の形の1次式

分子の1次式にかっこをつけるのを忘れないようにする。

$\frac{6x-3}{5}\times\overset{2}{10}=\cancel{6x-3\times2}$

かっこをふくむ式の計算

❶分配法則を使ってかっこをはずす。

❷文字の項・数の項をまとめる。

トライ

解答 ➡ 別冊 p.6

1 次の計算をしなさい。

(1) $2a\times4$　　(2) $-x\times\left(-\frac{1}{3}\right)$　　(3) $\frac{1}{3}a\div\frac{8}{3}$

チェックの解答 ① 3　② −2　③ $-6x$　④ 2　⑤ $-12a$　⑥ 5　⑦ 5　⑧ $10x+5$　⑨ $\frac{1}{3}$　⑩ $-y+2$　⑪ $6x-3$　⑫ 2　⑬ $12x-6$　⑭ −3　⑮ −3　⑯ $12x-29$

2 次の計算をしなさい。

(1) $2(4a-3)$

(2) $(3x+6)\times(-5)$

(3) $(4x+12)\div(-4)$

(4) $(-a-7)\div\frac{1}{3}$

(5) $\frac{8y+3}{2}\times 6$

(6) $\frac{3x-9}{7}\times(-14)$

(7) $18\times\frac{-2b-1}{3}$

(8) $-27\times\frac{-4a+5}{9}$

3 次の計算をしなさい。

(1) $2(a+1)+3(2a-4)$

(2) $3(4x-2)-5(3x-1)$

(3) $-(2b-1)+2(4b+2)$

(4) $-2(3y+1)-3(-6y+2)$

(5) $5(x+3)-\frac{1}{3}(9x-3)$

(6) $-\frac{3}{8}(-16a+8)+\frac{1}{4}(8a-12)$

チャレンジ

解答 ➡ 別冊 p. 6

A地点からB地点まで行くのに，時速 4 km で a 時間歩き，途中（とちゅう）から時速 3 km で歩くと，あわせて 80 分かかった。

(1) 時速 3 km で歩いた時間を a を用いて表しなさい。

(2) A地点からB地点までの道のりを a を用いて表しなさい。

9 文字式の利用

チャート式参考書 >>
第2章 7

チェック

空欄(くうらん)をうめて，要点のまとめを完成させましょう。

【分数をふくむ式の計算】

[1] (分数)×(1次式) の形にする方法

$$\frac{5x-3}{2}-\frac{x+1}{3}=\boxed{①}\times(5x-3)-\boxed{②}\times(x+1)$$

$$=\frac{5}{2}x-\frac{3}{2}-\frac{1}{3}x-\frac{1}{3}=\left(\frac{5}{2}-\frac{1}{3}\right)x-\frac{3}{2}-\frac{1}{3}=\boxed{③}$$

[2] 通分して1つの分数にまとめる方法

$$\frac{5x-3}{2}-\frac{x+1}{3}=\frac{3(5x-3)}{\boxed{④}}-\frac{2(x+1)}{\boxed{⑤}}$$

$$=\frac{3(5x-3)-2(x+1)}{6}=\frac{15x-9-2x-2}{6}=\boxed{⑥}$$

【関係を等式で表す】

問 「x mL のお茶を y mL ずつ 7 個のコップに分けようとすると 20 mL たりない。」という関係を，等式で表しなさい。

解答 (もとの量)＝(コップに分けようとする量)－20 なので，

⑦ …答

【関係を不等式で表す】

問 「x g のおもり 1 個と y g のおもり 4 個の重さの合計は 300 g より軽い。」という関係を，不等式で表しなさい。

解答 (おもりの重さの合計)＜300 なので，

⑧ …答

分数をふくむ式の計算

方法 [1]
❶(分数)×(1次式) の形にする。
❷かっこをはずす。
❸通分する。
❹項(こう)をまとめる。

方法 [2]
❶通分する。
❷1つの分数にまとめる。
❸分子のかっこをはずす。
❹分子の項をまとめる。

等式

数量が等しいという関係を，等号＝を使って表した式を等式という。

不等式

数量の大小関係を，不等号 ≧，≦，＞，＜ を使って表した式を不等式という。

トライ

解答 ➡ 別冊 p.7

1 次の計算をしなさい。

(1) $\frac{3a+1}{4}-\frac{1}{2}$

(2) $\frac{a}{6}+\frac{2a-3}{3}$

チェックの解答 ① $\frac{1}{2}$ ② $\frac{1}{3}$ ③ $\frac{13}{6}x-\frac{11}{6}$ ④ 6 ⑤ 6 ⑥ $\frac{13x-11}{6}$ ⑦ $x=7y-20$ ⑧ $x+4y<300$

2 次の計算をしなさい。

(1) $\dfrac{2x+5}{8}+\dfrac{5x-1}{4}$

(2) $\dfrac{5x-2}{4}+\dfrac{-4x+2}{3}$

(3) $\dfrac{5-2x}{3}+\dfrac{4-3x}{2}$

(4) $\dfrac{3x-2}{5}-\dfrac{x+2}{3}$

(5) $\dfrac{-x-5}{7}-\dfrac{x-1}{2}$

(6) $\dfrac{4+x}{2}-\dfrac{3+2x}{3}$

3 次の数量の関係を，等式で表しなさい。

(1) 縦 a cm，横 b cm の長方形の面積が S cm^2 である。

(2) 2000 m の道のりを分速 60 m で x 分間歩いたところ，残りの道のりは y m であった。

4 次の数量の関係を，不等式で表しなさい。

(1) 1 個 a 円のケーキ 4 個と 1 個 b 円のシュークリーム 3 個を買ったところ，代金の合計は 1700 円より安かった。

(1)「～より安い」だから，不等号は <か>を使おう。

(2) x km の道のりを時速 25 km で自転車で走り，y km の道のりを時速 8 km で走ったところ，合計で 2 時間以上かかった。

チャレンジ

解答 ⇒ 別冊 p.7

右の図のような直方体について，次の等式，不等式はどのようなことを表しているか答えなさい。

(1) $2(ab+bc+ac)=50$

(2) $abc \leqq 24$

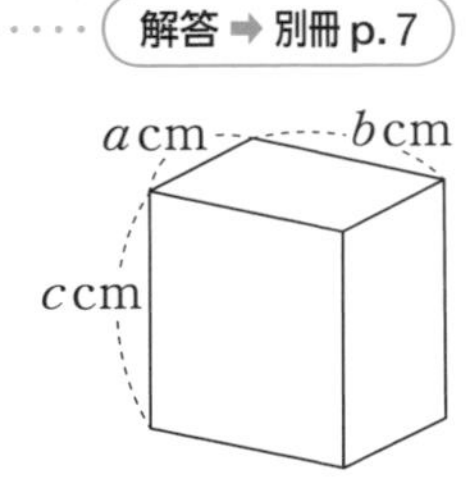

確認問題②

解答 ➡ 別冊 p. 7

1 次の数量を文字式で表しなさい。

(1) 折り紙を a 人の生徒に配る。1 人に 3 枚ずつ配ろうとすると，2 枚足りなくなるとき，折り紙の枚数

(2) 百の位が a，十の位が b，一の位が 2 である自然数

(3) 底辺 a cm，高さ h cm の三角形の面積

2 $-\frac{2a^2}{b}$ を表すものをすべて選びなさい。

ア $2\times a\times\left(-\frac{1}{b}\right)\div a$　イ $a\div b\times(-2)\times a$　ウ $-a\times 2\div b\div\frac{1}{a}$　エ $a\div\frac{1}{b}\div\left(-\frac{1}{2a}\right)$

3 次の式の値を求めなさい。

(1) $a=-2$ のとき　$a+8-a^2$

(2) $x=\frac{1}{2}$，$y=3$ のとき　$\frac{4}{x}-2y^2+1$

4 次の計算をしなさい。

(1) $9a-1-5a$

(2) $(4a+1)+(3a-5)$

(3) $(5x+3)-(-x-10)$

(4) $\left(\frac{5}{6}x+\frac{4}{5}\right)-\left(\frac{1}{2}x-\frac{1}{5}\right)$

(5) $-7(2a+11)$

(6) $(3a+1)\div\frac{1}{6}$

(7) $\frac{2x+7}{5}\times(-10)$

(8) $\frac{2}{3}\times\frac{-3x+9}{4}$

5 次の計算をしなさい。

(1) $5(a-5)+4(3a-1)$

(2) $\frac{3}{2}(2x+8)-7(3x+1)$

(3) $\frac{7a-1}{6}+\frac{4a+9}{4}$

(4) $20\left(\frac{x+2}{5}-\frac{-2x+5}{10}\right)$

6 $A=3x+1$, $B=x-1$ として，次の式を計算しなさい。

(1) $A-2B$

(2) $3A+2(B-3A)$

7 次の数量の関係を，等式または不等式で表しなさい。

(1) 1 個 x kg の荷物 3 個と 1 個 y kg の荷物 4 個の平均の重さは 2 kg より重い。

(2) 長さ 2 m のひもを切って，1 辺が a cm の正方形をつくったところ，ひもが b cm 以上残った。

(3) x % の食塩水 200 g に y % の食塩水 100 g を加えた食塩水にふくまれる食塩は 18 g である。

(4) 自然数 m を 7 でわると，商が q で余りが r になった。

8 右の図のように，1 辺の長さが 2 cm の正方形の紙を，重ねてはり合わせていく。

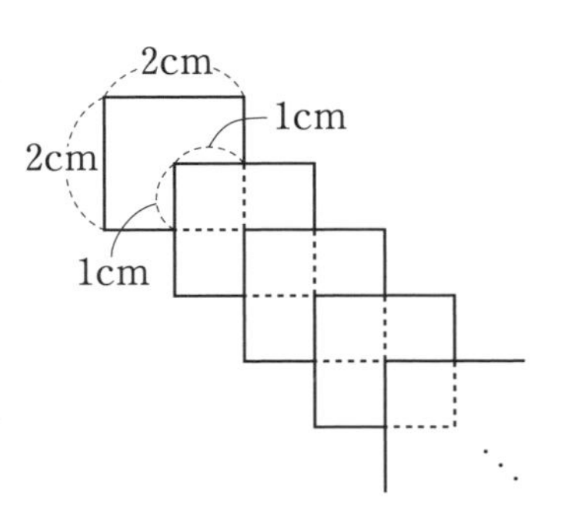

(1) 正方形の紙が 1 枚増えると，できる図形の面積は何 cm^2 増えるか求めなさい。

(2) 正方形の紙を n 枚重ねてはり合わせるとき，できる図形の面積を n を使った式で表しなさい。

10 1次方程式①

チャート式参考書 >> 第3章 8

チェック

空欄(くうらん)をうめて，要点のまとめを完成させましょう。

【方程式の解】

方程式 $5x-2=x+6$ について，

$x=2$ のとき　(左辺)$=5\times2-2=$ ①□　　(右辺)$=2+6=$ ②□

(左辺)$=$(右辺) となるので，$x=2$ はこの方程式の解である。

【等式の性質】

(1) $x-8=1$
$x-8+8=1+8$　← 両辺に8をたす
$x=$ ③□

(2) $\dfrac{x}{4}=5$
$\dfrac{x}{4}\times4=5\times4$　← 両辺に4をかける
$x=$ ④□

【移項(いこう)】

$3x=6+x$　← x を移項する
$3x$ ⑤□ $=6$
$2x=6$　← 両辺を2でわる
$x=$ ⑥□

【かっこのある1次方程式】

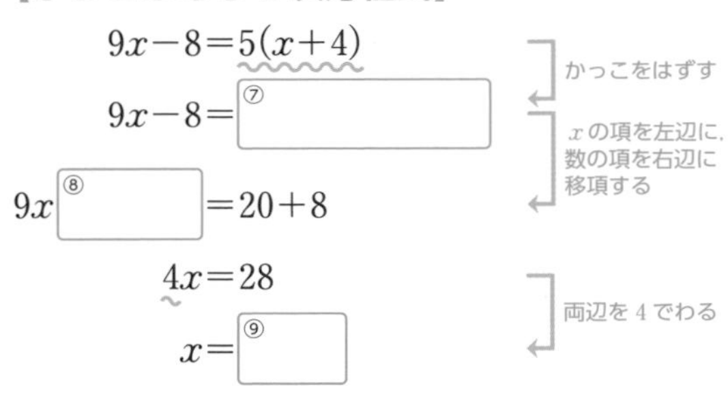

$9x-8=5(x+4)$　← かっこをはずす
$9x-8=$ ⑦□　← x の項を左辺に，数の項を右辺に移項する
$9x$ ⑧□ $=20+8$
$4x=28$　← 両辺を4でわる
$x=$ ⑨□

ポイント

方程式とその解
文字の値(あたい)によって成り立ったり成り立たなかったりする等式を方程式といい，方程式を成り立たせる文字の値を方程式の解という。

等式の性質
$A=B$ ならば，
$A+C=B+C$
$A-C=B-C$
$A\times C=B\times C$
$\dfrac{A}{C}=\dfrac{B}{C}$　$(C\neq0)$

移項
等式では，一方の辺の項を，符号(ふごう)を変えて他方の辺に移すこと(移項)ができる。

1次方程式
移項して整理すると $ax=b$ の形になる方程式を，x についての1次方程式という。

1次方程式の解き方
❶移項を利用して $ax=b$ の形に整理する。
❷両辺を x の係数 a でわる。

トライ

解答 ➡ 別冊 p. 8

1 次のア～エの方程式のうち，$x=-2$ が解になるものをすべて選びなさい。

ア $2x=4$　　イ $1+\dfrac{1}{2}x=0$　　ウ $x+3=2x+1$　　エ $-3x+1=-6x-5$

(チェックの解答) ① 8　② 8　③ 9　④ 20　⑤ $-x$　⑥ 3　⑦ $5x+20$　⑧ $-5x$　⑨ 7

2 等式の性質を使って，次の方程式を解きなさい。

(1) $x+3=-1$

(2) $-6x=12$

3 次の方程式を解きなさい。

(1) $2x-3=7$

(2) $5x=2x+12$

(3) $7x+5=4x-10$

(4) $x-1=3x+1$

(5) $5x-6=3x+8$

(6) $x-6=8x+1$

4 次の方程式を解きなさい。

(1) $5x-7(-x+2)=4$

(2) $2(x+1)+3(x+2)=3$

(3) $3(2x-1)=2(4x+3)-5$

(4) $3(x-3)-4(2x-1)=6(-x+3)$

チャレンジ

解答 ➡ 別冊 p. 8

$x=a$ が方程式 $8x-3=11x-7$の解であるとき，$3a-1$ の値を求めなさい。

方程式を解いたら，
aの値が分かるね。

11　1次方程式②

チャート式参考書≫
第3章 8

チェック

空欄(くうらん)をうめて，要点のまとめを完成させましょう。

【小数をふくむ1次方程式】

$0.7x-1=0.2x$　　①［　］$-10=2x$　　$7x-2x=10$

両辺に10をかける

$5x=10$　　$x=$②［　］

係数は整数になおそう。

【分数をふくむ1次方程式】

$\frac{1}{2}x-3=x$　　③［　］$-6=2x$　　$x-2x=6$

両辺に2をかける

$-x=6$　　$x=$④［　］

【方程式の解から係数を求める】

問　xについての1次方程式 $3ax=x+8$ の解が -2 のとき，aの値(あたい)を求めなさい。

解答　$x=-2$ を方程式に代入すると，

$3a\times($⑤［　］$)=$⑥［　］$+8$　これをaについて解く。

$-6a=6$　　$a=$⑦［　］　…答

【比例式】

(1)　$x:10=3:5$　　⑧［　］$=\frac{3}{5}$　　$x=\frac{3}{5}\times10=$⑨［　］

(2)　$(3x-1):4=2:1$　　⑩［　］$=4\times2$

$3x=8+1$　　$x=$⑪［　］

係数が小数の方程式
10倍，100倍，…して，xの係数を整数にする。

係数が分数の方程式
分母の最小公倍数をかけて，分母をはらう。

解が与えられた方程式
xについての方程式の解が-2ということは，方程式に$x=-2$を代入すると等式が成り立つということ。

比例式
$a:b=c:d$ のとき，
❶$\frac{a}{b}=\frac{c}{d}$
❷$ad=bc$（比例式の性質）

トライ

解答➡別冊 p.9

1　次の方程式を解きなさい。

(1)　$0.2x+1=-x-1.4$

(2)　$0.06x+0.04=0.1x+0.08$

チェックの解答　①$7x$　②2　③x　④-6　⑤-2　⑥-2　⑦-1　⑧$\frac{x}{10}$　⑨6　⑩$3x-1$　⑪3

2 次の方程式を解きなさい。

(1) $\frac{3}{10}x-\frac{3}{2}=\frac{4}{5}x+1$

(2) $3x-\frac{2}{3}(2x-1)=4$

(3) $\frac{2x+1}{3}=\frac{1}{2}x+1$

(4) $\frac{x-2}{4}+\frac{2-5x}{6}=1$

3 x についての 1 次方程式 $4x-a=x-1$ の解が 3 のとき，a の値を求めなさい。

4 次の比例式について，x の値を求めなさい。

(1) $\frac{3}{2}x:8=3:4$

(2) $2(x-2):(x+4)=5:4$

チャレンジ

解答 ⇒ 別冊 p. 9

x についての方程式 $\frac{x+a}{3}=2x-3a$ の解が 1 となるとき，a の値を求めなさい。

12 1次方程式の利用①

チャート式参考書 >> 第3章 9

チェック

空欄(くうらん)をうめて，要点のまとめを完成させましょう。

【整数の問題】

問 差が2，和が16である2つの自然数を求めなさい。

解答 大きい方の数をxとすると，

$x+($ ① $)=16$　　$2x=16+2$　　$x=9$

大きい方の数　(大きい方の数)-2

大きい方の数を9とすると，小さい方の数は $9-2=$ ②

これは問題に適している。　**答** 9と7

【代金の問題】

問 りんご5個と80円のレモン1個の代金の合計は，りんご1個と100円のオレンジ1個の代金の合計の3倍である。りんご1個の値段を求めなさい。

解答 りんご1個の値段をx円とすると，

$5x+80=3($ ③ $)$　　$2x=220$　　$x=110$

りんご5個とレモン1個　りんご1個とオレンジ1個

これは問題に適している。　**答** 110円

【過不足と分配の問題】

問 子どもたちに鉛筆(えんぴつ)を配るのに，1人3本ずつ配ると16本余り，4本ずつ配ると2本たりない。子どもの人数をx人として方程式をつくり，子どもの人数と鉛筆の本数を求めなさい。

解答 子どもの人数をx人とすると，鉛筆の本数についての方程式を立てられる。

$3x+16=$ ④　　$-x=-2-16$　　$x=18$

3本ずつだと16本余る　4本ずつだと2本たりない

子どもの人数を18人とすると，鉛筆の本数は

$3\times18+16=$ ⑤ (本)

これは問題に適している。　**答** 子ども18人，鉛筆70本

ポイント

整数の問題

❶数量を文字で表す
小さい方の数をx，大きい方の数を$x+2$としてもよい。

❷方程式をつくる
大きい方の数をx，小さい方の数を$16-x$とし，$x-(16-x)=2$という方程式でもよい。

❸方程式を解く

❹解を確認する
9と7という2つの数は，確かに自然数であり，差が2，和が16である。

代金の問題

xは値段であることから，自然数であることを確認。

過不足と分配の問題

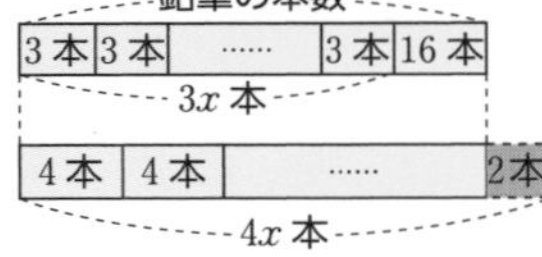

図に表すと，条件が整理されて式が立てやすくなるよ。

(チェックの解答) ① $x-2$　② 7　③ $x+100$　④ $4x-2$　⑤ 70

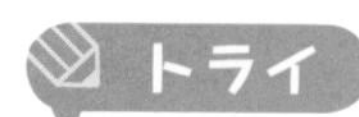

トライ

解答➡別冊 p. 9

1 1，2，3 や 10，11，12 のような，3 つの連続した整数について次の問いに答えなさい。

(1) 真ん中の数を x として，3 つの連続した整数を表しなさい。

(2) 和が 108 である 3 つの連続した整数を求めなさい。

2 大人と子どもあわせて 20 人におかしを配る。大人には 2 個ずつ，子どもには 3 個ずつ配るとき，必要なおかしは 52個である。大人と子どもの人数をそれぞれ求めなさい。

3 兄は 4400 円，弟は 2400 円の貯金がある。来月から 2 人とも，毎月 200 円ずつ貯金することにした。兄の貯金が弟の $\frac{3}{2}$ 倍になるのは何か月後か求めなさい。

4 あるクラスの生徒全員に折り紙を分けるのに，1 人に 6 枚ずつ分けると 18枚余り，1 人に 7 枚ずつ分けると 14 枚たりなかった。このとき，折り紙の枚数と生徒の人数を求めなさい。

チャレンジ

解答➡別冊 p. 9

大小 2 つの自然数がある。2 数の比は $4:3$ で，大きい方の数から 2 をひき，小さい方の数に 10 をたすと，新しい 2 数の比は $3:8$ になった。もとの 2 つの自然数を $4x$，$3x$ とおいて方程式をつくり，もとの 2 つの自然数を求めなさい。

13 1次方程式の利用②

チャート式参考書 >> 第3章 9

チェック

空欄(くうらん)をうめて，要点のまとめを完成させましょう。

【速さの問題】

問 Aさんは分速 60 m，Bさんは分速 100 m で歩く。

(1) 3000 m 離(はな)れた地点に向かってAさんが出発し，その 14 分後にBさんが同じ場所を出発してAさんを追いかけるとき，Bさんは出発して何分後にAさんに追いつくか求めなさい。

解答 Bさんが出発してx分後にAさんに追いつくとする。
Bさんに追いつかれるまでにAさんが歩く道のりは

60(①　　　) m

Aさんに追いつくまでにBさんが歩く道のりは ②　　　 m

これが等しいので，

60(①　　　)=②　　　　$-40x=-840$　$x=21$

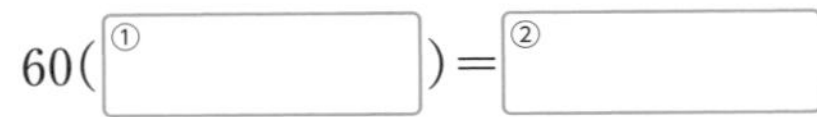

21 分後に追いつくとすると，2人が歩いた道のりはともに
$100\times21=2100$ (m) で，これは 3000 m より短いので，問題に適している。

答 21 分後

(2) 4000 m 離れた場所からAさんとBさんが向かい合って同時に出発するとき，出発してから何分後にAさんとBさんが出会うか求めなさい。

解答 出発してからx分後に出会うとする。出会うまでに2人が歩く道のりは，Aさんが ③　　　 m，Bさんが ④　　　 m となる。この和が 4000 m なので，

③　　　+④　　　=4000　$160x=4000$　$x=25$

25 分後は，問題に適している。

答 25 分後

同じ方向に進む問題

追いつくまでに 2人が進む道のりが等しくなることから方程式を立てる。

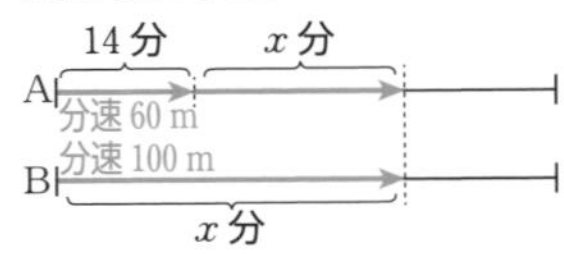

解の確認

(1)は，BさんがAさんに追いつく地点が，条件の 3000 m より手前かどうかを確認する。

向かい合って進む問題

出会うまでに 2人が進む道のりの和が全体の道のりと等しくなることから方程式を立てる。

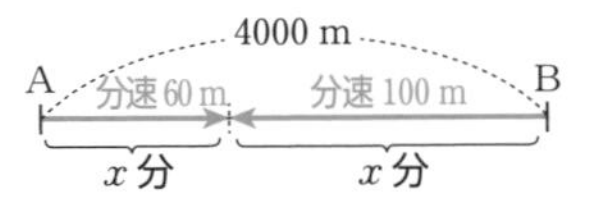

トライ

解答 ➡ 別冊 p. 10

1 A地とB地の間を往復するのに，行きは時速 40 km，帰りは時速 60 km で移動した。往復にかかった時間が 1 時間であったとき，A地からB地までの道のりを求めなさい。

時間についての方程式をつくろう。

チェックの解答 ① $14+x$　② $100x$　③ $60x$　④ $100x$

2 家から学校まで登校するのに，弟は午前 8 時に出発して分速 60 m で歩き，兄は弟より 5 分遅(おく)れて出発して同じ道を分速 80 m で歩いたところ，2 人同時に学校に着いた。2 人が学校に着いた時刻と，家から学校までの道のりを求めなさい。

3 周囲 1 km の池のまわりを，A さんと B さんは同じ場所を同時に出発して，それぞれ一定の速さで歩く。A さんの歩く速さは時速 4 km，B さんの歩く速さは時速 6 km である。

(1) 2 人が反対向きに歩くとき，2 人が初めて出会うのは，出発してから何分後か求めなさい。

(2) 2 人が同じ向きに歩くとき，B さんが A さんをちょうど 1 周追いぬくのは，出発してから何分後か求めなさい。

チャレンジ 解答 ⇒ 別冊 p. 10

A 地から 8 km 離れた B 地へ行くのに，途中(とちゅう)の P 地までは時速 4 km，P 地からは時速 5 km で歩くと，1 時間 45 分かかった。P 地から B 地までの道のりを求めなさい。

確認問題③

解答 ➡ 別冊 p. 10

1 次の方程式を解きなさい。

(1) $2x+5=-4x+17$

(2) $-3x+7=2-5x$

(3) $2(2x-5)=7(x-1)+12$

(4) $3x-2\{3x+1-5(x+1)\}=6$

(5) $0.65x-2.8=1.35x+2.1$

(6) $0.04(2x-1)=0.03(x+2)$

(7) $\dfrac{7-3x}{4}=-\dfrac{3x+4}{5}$

(8) $\dfrac{x+3}{2}-\dfrac{2x-1}{3}=\dfrac{-x+3}{4}$

2 次の x の方程式の解が［　］内の数であるとき，a の値(あたい)を求めなさい。

(1) $2x+7=3x+a$　[3]

(2) $3ax=x+8$　[-2]

3 次の比例式について，x の値を求めなさい。

(1) $15:x=5:2$

(2) $(3x-1):4=2:1$

4 ある数の 3 倍に 6 をたした数は，もとの数の 5 倍から 4 をひいた数と等しくなる。このとき，もとの数を求めなさい。

5 1 本 60 円の鉛筆(えんぴつ)と 1 本 120 円のボールペンをあわせて 16 本買ったところ，代金の合計は 1260 円であった。このとき，買った鉛筆とボールペンの本数をそれぞれ求めなさい。

6 現在の年齢(ねんれい)の和が 59 才である母と子どもがいる。5 年前，母の年齢は子どもの 6 倍であった。現在の子どもの年齢を求めなさい。

7 A さんは，ある本を 1 日目に全体の $\frac{3}{8}$ 読み，2 日目に残りの $\frac{2}{5}$ 読み，3 日目に 12 ページ読んだところ，残りは全体の $\frac{1}{4}$ になった。この本は全部で何ページあるか求めなさい。

8 A さんの家から 1.2 km 離(はな)れた所に郵便ポストがある。A さんの妹は，手紙を出すために，歩いてポストに向かった。妹が忘れていったもう 1 通の手紙に気づいた A さんは，妹が出発してから 15 分後に，その手紙を届けるため，同じ道を自転車で妹を追いかけた。A さんは，その途中(とちゅう)，手紙を出してすぐに引き返してきた妹と出会った。妹の歩く速さは分速 60 m，A さんの自転車の速さは分速 190 m であった。妹と出会ったのは，A さんが家を出発してから何分後か求めなさい。

14 比例

チャート式参考書 >> 第4章 10

チェック

空欄をうめて，要点のまとめを完成させましょう。

【関数の例】

ア 底辺が x cm である三角形の面積が y cm^2

イ 1個 x g のおもり4個の重さが y g

のうち，y が x の関数であるのは ① ☐ である。

【変域を不等式で表す】

問 変数 x の変域を不等号を使って表しなさい。

(1) x は -3 以下→ ② ☐

（以下：-3 か，-3 より小さい）

(2) x は7以上10未満→ ③ ☐

【比例の関係と比例定数】

分速60 m で x 分間歩いたときに進む道のりを y m とする。

このとき，$y=$ ④ ☐ と表すことができるので，

「y は x に ⑤ ☐ し，比例定数は ⑥ ☐ である。」

といえる。

【比例の式の決定】

問 y が x に比例し，$x=2$ のとき $y=6$ である。このとき，y を x の式で表しなさい。

解答 $y=ax$ とおくと，⑦ ☐ $=a\times$ ⑧ ☐ より，$a=3$

よって，$y=$ ⑨ ☐ …答

ポイント

関数

x の値を1つ決めたとき，それにともなって y の値も1つに決まるとき，y は x の関数であるという。

ア 三角形の面積 $\left(=\dfrac{1}{2}\times\right.$底辺×高さ) は，底辺の長さを1つ決めても，高さによって面積が変わり，1つに決まらない。

イ 1個のおもりの重さを1つに決めれば，1個の重さはただ1つに決まる。

変数と変域

いろいろな値をとる文字を変数といい，変数のとりうる値の範囲を変域という。

比例の関係と比例定数

y が x の関数で

$y=ax\ (a\neq 0)$

で表されるとき，y は x に比例するといい，定数 a を比例定数という。

比例 $y=ax$ では，$x\neq 0$ のとき $\dfrac{y}{x}=a$ で一定である。

トライ

解答 ➡ 別冊 p. 11

1 次のア〜エのうち，y が x の関数であるものをすべて選びなさい。

ア 1個80円のおかしを x 個買い，1000円支払ったときのおつりが y 円

イ 6 km の道のりを時速 x km で歩いたときにかかった時間が y 時間

ウ 自然数 x の倍数の個数が y

エ 自然数 x の正の約数の個数が y

チェックの解答 ① イ ② $x\leqq -3$ ③ $7\leqq x<10$ ④ $60x$ ⑤ 比例 ⑥ 60 ⑦ 6 ⑧ 2 ⑨ $3x$

2 水が 48 L 入る水そうがある。この水そうがいっぱいになるまで，毎分 8 L の割合で水を入れるとき，水を入れ始めてから x 分後における水の量を y L とする。

(1) y を x の式で表しなさい。

(2) x の変域を求めなさい。

(2) 水そうがいっぱいになるのは何分後かな。

(3) x と y の関係を表した右の表を完成させなさい。

x	0	2		
y	0		32	48

3 底辺が x cm で高さが 10 cm の三角形の面積 $y\ \mathrm{cm}^2$ について，y を x の式で表し，y が x に比例することを示しなさい。また，比例定数を答えなさい。

4 y は x に比例し，$x=3$ のとき $y=-6$ であるとき，次の問いに答えなさい。

(1) y を x の式で表しなさい。

(2) $y=-12$ となる x の値を求めなさい。

チャレンジ 解答 ⇒ 別冊 p. 11

長さ x cm の針金を折り曲げて，横の長さが縦の長さの 2 倍である長方形をつくる。このとき，縦の長さを y cm とすると，y は x に比例する。

(1) 比例定数を求めなさい。

(2) x の変域が $x \geqq 30$ のとき，y の変域を求めなさい。

15 座標，比例のグラフ

チャート式参考書 ≫ 第4章 11

チェック

空欄(くうらん)をうめて，要点のまとめを完成させましょう。

【座標】

点Oで垂直に交わる2つの数直線を考える。横の数直線を ①［　　］，縦の数直線を ②［　　］，点Oを原点という。

右の図で，点Pの座標は

(③［　　］，④［　　］) で表される。

（③：x 座標　④：y 座標）

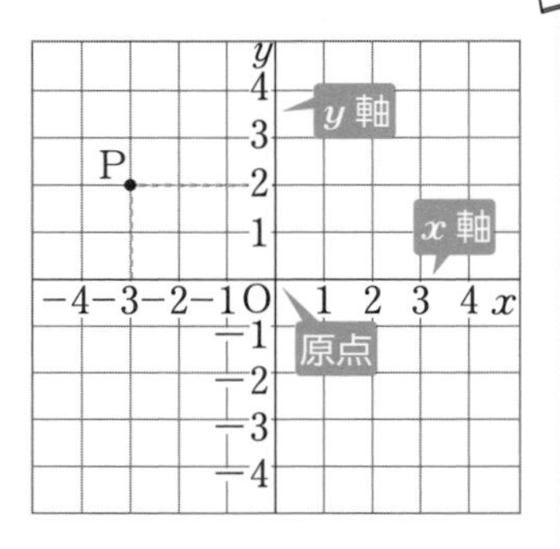

座標軸
x 軸と y 軸をあわせて座標軸という。

座標の表し方
x 座標と y 座標をあわせて座標といい，座標が $(-3,\ 2)$ である点Pを，$\mathrm{P}(-3,\ 2)$ と表すこともある。

比例のグラフ
比例 $y=ax$ のグラフは原点を通る直線である。

【比例のグラフ】

問　グラフが右の図の直線(1)，(2)になる比例の式を求めなさい。

解答　比例の式を $y=ax$ とおく。

(1) 点 $(3,\ 2)$ を通っているので，⑤［　　］$=a\times$⑥［　　］

（$x=3$，$y=2$ を代入）

$a=\dfrac{2}{3}$ より，$y=\dfrac{2}{3}x$　…答

(2) 点 $(1,\ -2)$ を通っているので，$-2=a\times1$

$a=$⑦［　　］ より，$y=$⑧［　　］　…答

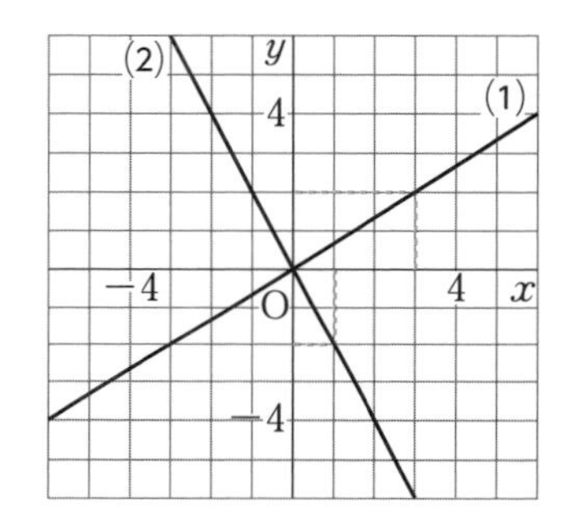

トライ

解答 ➡ 別冊 p. 11

1　右の図の点A，B，C，Dの座標を答えなさい。また，図に点 $\mathrm{E}(2,\ -3)$，$\mathrm{F}(-4,\ 4)$ をかき入れなさい。

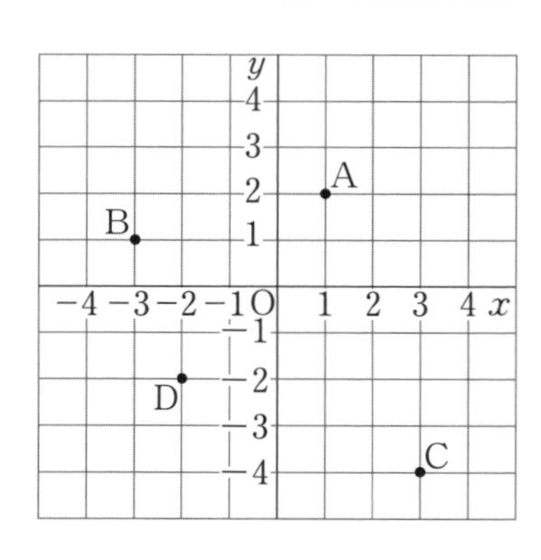

チェックの解答　① x 軸　② y 軸　③ -3　④ 2　⑤ 2　⑥ 3　⑦ -2　⑧ $-2x$

2 点 A(6, -2) について，次の点の座標を求めなさい。

(1) x 軸に関して対称（たいしょう）な点　　(2) 左に 1，上に 5 だけ移動した点

3 次の比例のグラフを，右の図にかきなさい。

(1) $y=3x$

(2) $y=-\frac{1}{2}x$

(3) x の値（あたい）が 4 増加すると，y の値が 2 増加する。

4 右の図のように，比例 $y=ax$ のグラフ上に 2 点 A，B がある。

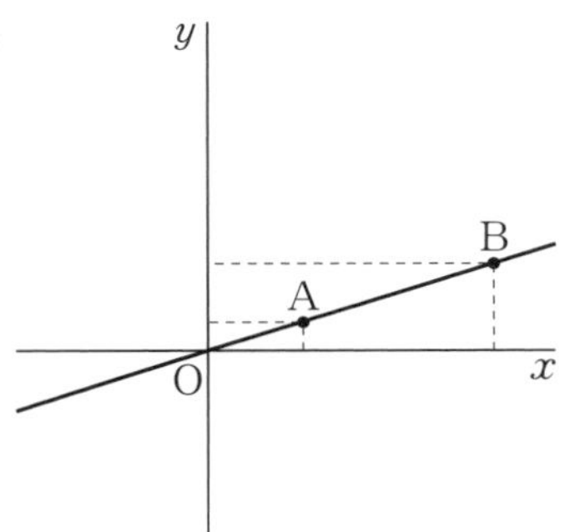

(1) A の座標が (3, 1) のとき，比例の式を求めなさい。

(2) B の y 座標が 3 のとき，B の x 座標を求めなさい。

チャレンジ

解答 ➡ 別冊 p. 12

右の図の三角形 ABC の面積を求めなさい。

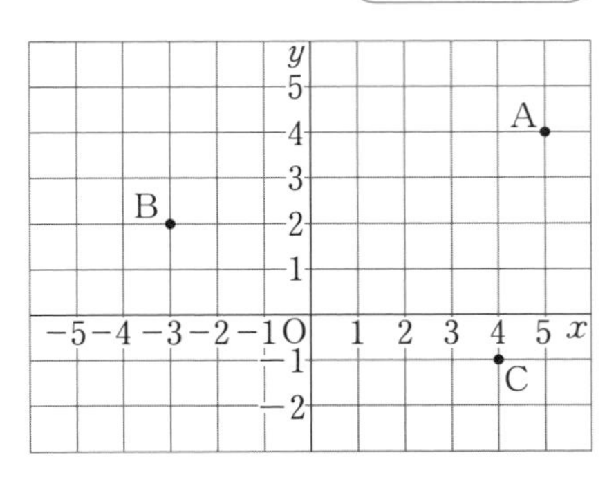

16 反比例とそのグラフ

チャート式参考書 >>
第4章 12

チェック

空欄(くうらん)をうめて，要点のまとめを完成させましょう。

反比例と比例定数

y が x の関数で

$y=\frac{a}{x}$ $(a \neq 0)$

で表されるとき，y は x に反比例するといい，定数 a を比例定数という。

反比例 $y=\frac{a}{x}$ では，$xy=a$ で一定である。

反比例のグラフ

反比例 $y=\frac{a}{x}$ のグラフは，原点について対称(たいしょう)でなめらかな2つの曲線である。

【反比例と比例定数】

容積が8Lの水そうに，空の状態から毎分 x Lの割合で水を入れると，いっぱいになるまでに y 分かかるとする。

このとき，$y=$ ① □ と表すことができるので，

「y は x に ② □ し，比例定数は ③ □ である。」

といえる。

【反比例の式の求め方】

問 y が x に反比例し，$x=-4$ のとき $y=\frac{3}{2}$ である。このとき，y を x の式で表しなさい。

解答 $y=\frac{a}{x}$ とおくと，④ □ $=\frac{a}{⑤ □}$ より，$a=-6$

よって，$y=$ ⑥ □ …答

【グラフから反比例の式を求める】

問 グラフが右の図の曲線になる反比例の式を求めなさい。

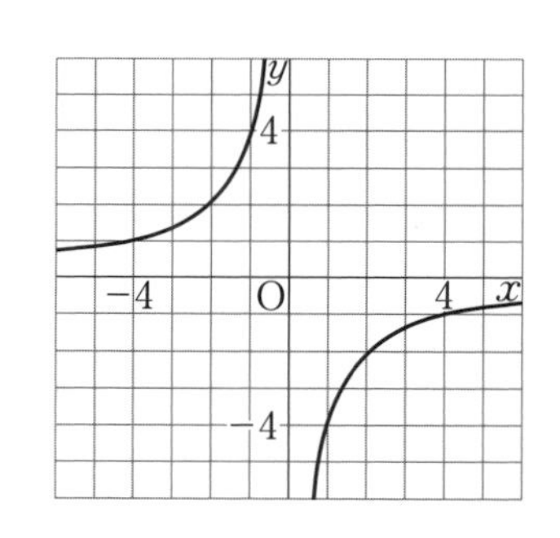

解答 反比例 $y=\frac{a}{x}$ では $xy=a$ で一定である。

点 $(4, -1)$ を通っているので，$a=$ ⑦ □ × ⑧ □

$x=4$，$y=-1$ を代入

$a=-4$ より，$y=$ ⑨ □ …答

トライ

解答 ➡ 別冊 p. 12

1 反比例 $y=\frac{12}{x}$ について，対応する x と y の値(あたい)の表を完成させなさい。

x	…	-6		-1	0		3	6	…
y	…		-4		×	12			…

チェックの解答 ① $\frac{8}{x}$ ② 反比例 ③ 8 ④ $\frac{3}{2}$ ⑤ -4 ⑥ $-\frac{6}{x}$ ⑦ 4 ⑧ -1 ⑨ $-\frac{4}{x}$

2 y は x に反比例し，$x=2$ のとき $y=3$ である。

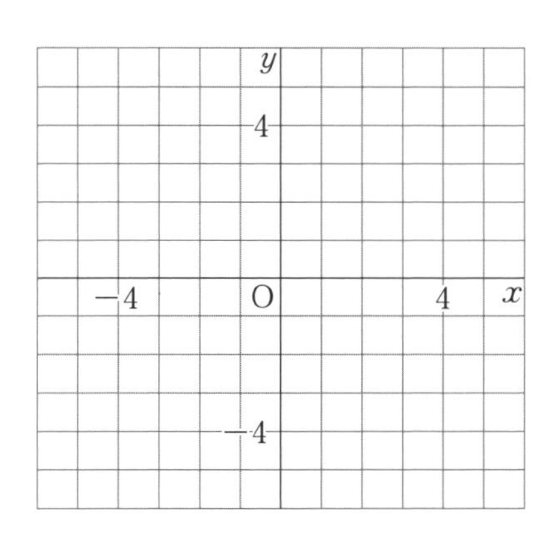

(1) y を x の式で表しなさい。

(2) $x=-3$ のときの y の値を求めなさい。

(3) 右の図にグラフをかきなさい。

3 次の問いに答えなさい。

(1) y は x に反比例し，$x=6$ のとき $y=4$ である。$y=-2$ のときの x の値を求めなさい。

(2) 反比例のグラフが 2 点 $(-3,\ 4)$，$(a,\ -2)$ を通るとき，a の値を求めなさい。

(3) $y=-\dfrac{6}{x}$ について，x の変域が $-6 \leqq x \leqq -2$ であるとき，y の変域を求めなさい。

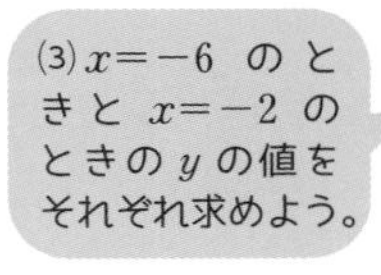

チャレンジ 解答 ➡ 別冊 p. 12

$y=\dfrac{a}{x}$（a は定数）は，x の変域が $4 \leqq x \leqq 9$ であるとき，y の変域は $\dfrac{2}{3} \leqq y \leqq b$ となる。このとき，a，b の値を求めなさい。

17 比例と反比例の利用

チャート式参考書 >> 第4章 13

チェック

空欄(くうらん)をうめて，要点のまとめを完成させましょう。

【比例の応用】

18 L のガソリンで 450 km の距離(きょり)を走る車がある。この車が x L のガソリンで y km の距離を走るとすると，$y=$ ① [　　] と表され，y は x に ② [　　] する。

（比例定数＝450÷18）

【反比例の応用】

家から駅へ徒歩で移動するのに，分速 70 m で歩くと 7 分かかる。分速 x m で歩いたときにかかる時間を y 分とすると，

$y=$ ③ [　　] と表され，y は x に ④ [　　] する。

（比例定数＝70×7）

比例の応用
車が走る距離はガソリンの量に比例する。
→ $\dfrac{\text{走る距離}\,y}{\text{ガソリンの量}\,x}$ は一定

道のり，時間，速さの関係
速さが一定なら，道のりは時間に比例する。(時間は道のりに比例するともいえる。)

反比例の応用
かかる時間は移動する速さに反比例する。
→(速さ x)×(時間 y) は一定

【グラフの応用】

右の図は，姉と妹が家から同時に出発し，750 m 離(はな)れた公園に歩いて向かう様子を表したグラフである。このグラフから次のことがわかる。

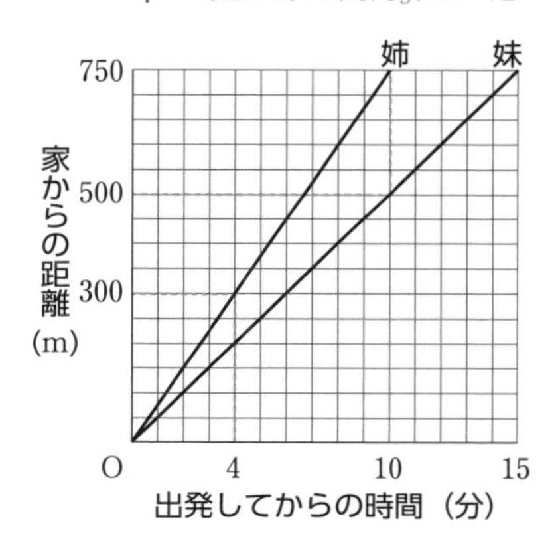

(1) 歩く速さは ⑤ [　　] の方が速い。

(2) 姉が 300 m 進むのにかかる時間は ⑥ [　　] 分である。

(3) 姉が公園に着いたとき，妹は家から ⑦ [　　] m の地点にいる。

トライ

解答 ➡ 別冊 p. 12

1 次の問いに答えなさい。

(1) 50 g のおもりをつるすと 0.6 cm のびるばねがある。このばねに 300 g のおもりをつるすとばねは何 cm のびるか求めなさい。

(2) 水そうに水がためられていて，毎分 2 L ずつ水をぬくと 30 分で空になる。毎分 3 L ずつ水をぬくと何分で空になるか求めなさい。

チェックの解答 ① $25x$ ② 比例 ③ $\dfrac{490}{x}$ ④ 反比例 ⑤ 姉 ⑥ 4 ⑦ 500

2 Aさんと B さんは学校を同時に出発して，Aさんは徒歩で，B さんは自転車で，学校から 1200 m 離れた駅に向かった。右の図は，2 人が出発してから x 分後に，それぞれ学校から y m 離れるとして，x と y の関係をグラフに表したものである。

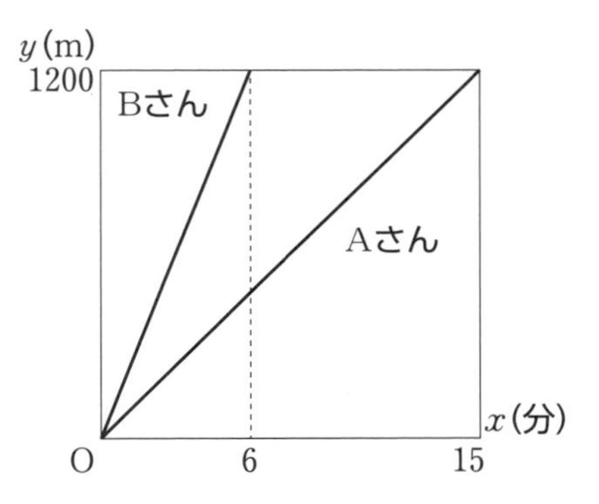

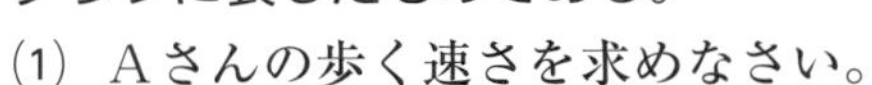
(1) Aさんの歩く速さを求めなさい。

(2) Bさんが駅に着いたとき，Aさんは学校から何 m のところにいるか求めなさい。

(3) AさんとBさんの間がちょうど 600 m 離れるのは，学校を出発してから何分後か求めなさい。

3 点 P は，右の図のような長方形 ABCD の辺 BC 上を，B から C まで秒速 1 cm で動く。点 P が B を出発してから x 秒後の三角形 ABP の面積を y cm^2 とする。

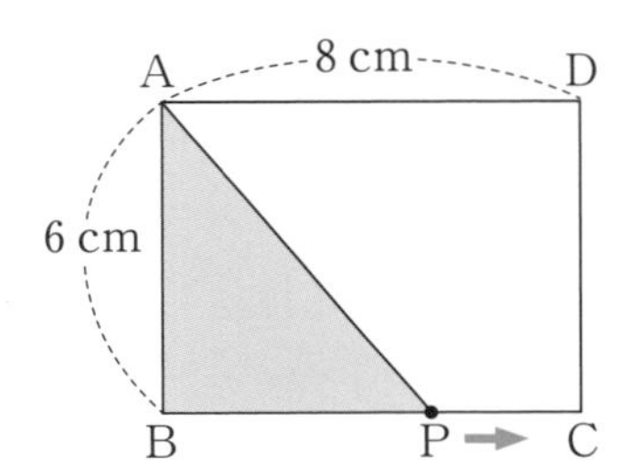

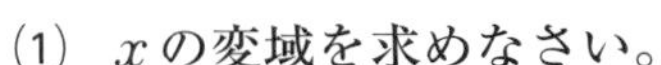
(1) x の変域を求めなさい。

(2) y を x の式で表しなさい。

チャレンジ 解答 ➡ 別冊 p. 13

上の問題 3 において，点 Q は辺 AD 上を，D から A まで秒速 2 cm で動く。2 点 P，Q は同時に出発して，点 Q が A に着いたとき，点 P も止まるものとする。このとき，2 点 P，Q が出発してから x 秒後の台形 BPDQ の面積を y cm^2 とする。

(1) x の変域を求めなさい。

点 Q を図にかいてみよう。

(2) y を x の式で表しなさい。

確認問題④

解答 ➡ 別冊 p. 13

1 y が x に比例しているものには○を，反比例しているものには△を，比例も反比例もしていないものには×をつけなさい。

(1) 時速 x km で 10 km の道のりを移動するのにかかる時間 y 時間

(2) 1 分間に 2 L の水が出る水道を x 分間開けたときに出てくる水の量 y L

(3) 周の長さが 10 cm である長方形の縦の長さ x cm，横の長さ y cm

(4) 底面積が 6 cm^2 である円柱の高さ x cm，体積 y cm^3

2 y は x に比例し，$x=-2$ のとき $y=8$ であるとき，次の問いに答えなさい。

(1) y を x の式で表しなさい。

(2) $x=5$ のときの y の値（あたい）を求めなさい。

3 y は x に反比例し，$x=12$ のとき $y=4$ であるとき，次の問いに答えなさい。

(1) y を x の式で表しなさい。

(2) $x=-3$ のときの y の値を求めなさい。

4 y は x に比例し，$x=6$ のとき，$y=2$ である。また，z は y に反比例し，$y=3$ のとき，$z=2$ である。このとき，次の問いに答えなさい。

(1) y を x の式で表しなさい。

(2) z を y の式で表しなさい。

(3) $x=\frac{3}{2}$ のとき，z の値を求めなさい。

5 次のグラフをかきなさい。

(1) $y=x$

(2) $y=-\frac{3}{2}x$

(3) $y=-\frac{12}{x}$

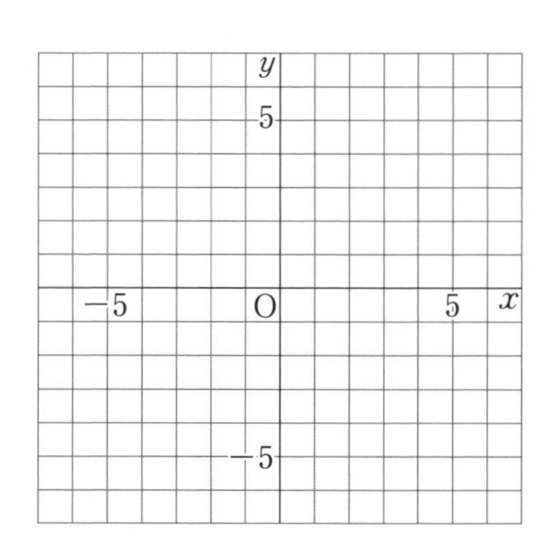

6 右のように，原点と点 $(4,\ 2)$ を通る比例のグラフが，ある反比例のグラフと 2 点で交わっている。2 つある交点のうち，一方の x 座標は -2 である。このとき，次の問いに答えなさい。

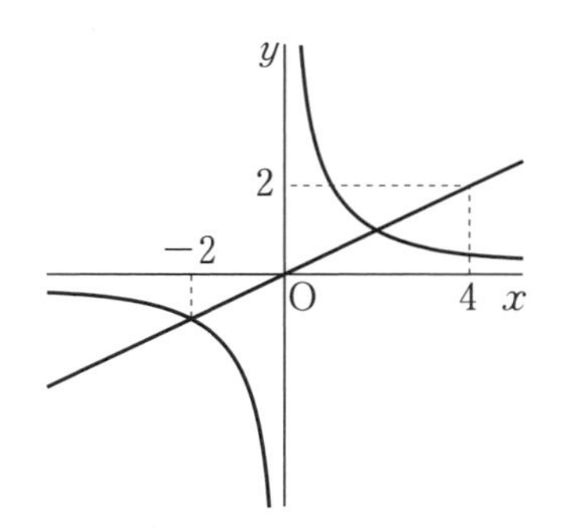

(1) 比例のグラフの式を求めなさい。

(2) 反比例のグラフの式を求めなさい。

7 縦 30 cm，横 40 cm，高さ 60 cm の水そうに水を入れるとき，次の問いに答えなさい。

(1) 水面の高さが x cm のときの水の体積を y L とする。

① y を x の式で表しなさい。　② y の変域を求めなさい。

(2) 空の状態から毎分 x L の割合で水を入れる。水を入れ始めてからいっぱいになるまでの時間を y 分とする。

① y を x の式で表しなさい。

② 毎分 $\frac{3}{2}$ L 水を入れるとき，いっぱいになるまでの時間を求めなさい。

8 2 点 P，Q は右の図のような長方形 ABCD の辺 BC 上を移動する。P は秒速 3 cm，Q は秒速 1 cm で動き，P が C に着いたとき Q も止まるものとする。2 点が点 B を同時に出発してから x 秒後の三角形 AQP の面積を y cm^2 とする。

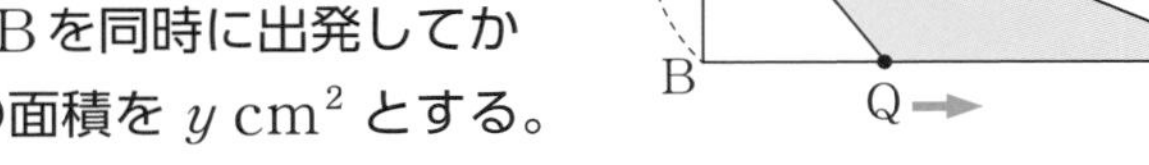

(1) x の変域を求めなさい。

(2) y を x の式で表しなさい。

(3) y の変域を求めなさい。

18 平面上の直線

チャート式参考書 >> 第5章 14

チェック

空欄(くうらん)をうめて，要点のまとめを完成させましょう。

【直線・線分・半直線】

2点A，Bを通り，両方向に限りなくのびたまっすぐな線を［①　　　］という。直線ABのうち点Aから点Bまでの部分を［②　　　］，点Aから点Bの方向に限りなくのびた部分を［③　　　］という。

線分ABの長さを，2点A，B間の［④　　　］という。

【角】

半直線BA，BCによってできる角を［⑤　　　］と表す。

角ABCと読む

【2直線の関係】

2直線AB，CDが垂直に交わるとき，［⑥　　　］と表し，

AB垂直CDと読む

直線AB（CD）は直線CD（AB）の［⑦　　　］という。

2直線AB，CDが平行であるとき，［⑧　　　］と表す。

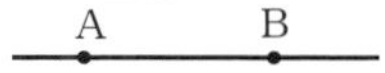

AB平行CDと読む

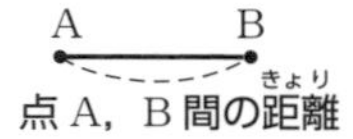

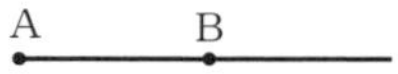

ポイント

直線と線分

直線AB

線分AB

半直線AB

角ABC

垂直，平行

AB⊥CD

AB∥CD

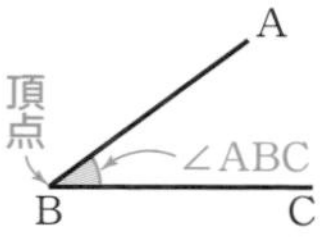

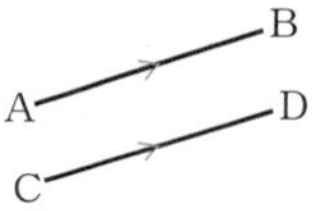

トライ

解答 ➡ 別冊 p. 14

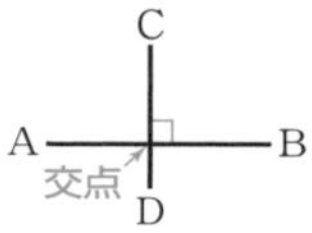

1 右の図に，次の図形をかき入れなさい。

(1) 直線AC

(2) 線分AB

(3) 半直線CB

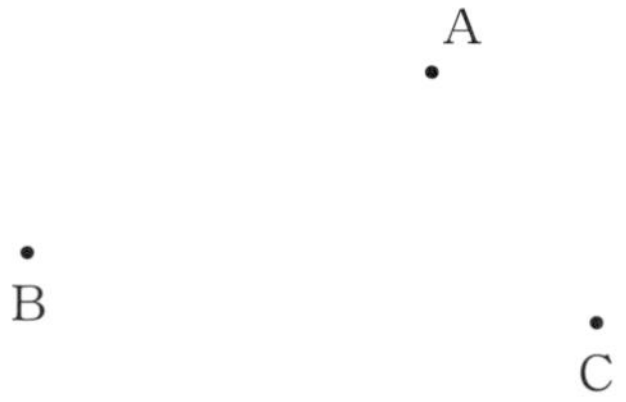

（チェックの解答）①直線AB　②線分AB　③半直線AB　④距離　⑤∠ABC　⑥AB⊥CD　⑦垂線　⑧AB∥CD

2 右の図の長方形 ABCD について，次の問いに答えなさい。

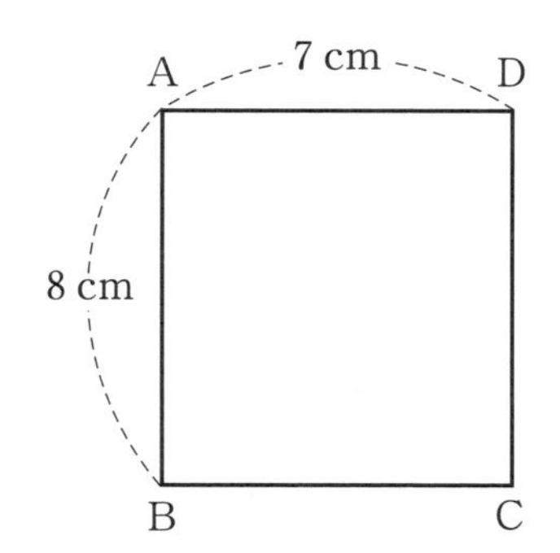

(1) 次の 2 辺の関係を記号⊥または∥を使って表しなさい。

① 辺 AD と辺 BC

② 辺 BC と辺 DC

(2) 点Aと辺 BC との距離を答えなさい。

(3) 辺 AB，辺 DC 間の距離を答えなさい。

3 平面上に異なる 4 本の直線があり， 2 直線 AB と CDは平行である。また，直線 ℓ は AB と垂直で，直線 m は ℓ と垂直である。次の 2 直線の位置関係を，それぞれ記号を使って表しなさい。

(1) 直線 CD と直線 ℓ

(2) 直線 AB と直線 m

4 右の図において，AO⊥BO，CO⊥DO である。
このとき，次の角の大きさを求めなさい。

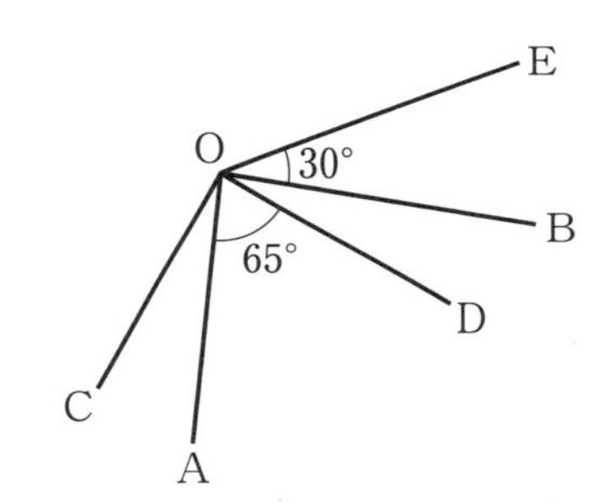

(1) ∠AOC

(2) ∠EOD

チャレンジ 解答 ⇒ 別冊 p. 14

ある場所には，下の図 1 のように同じ高さの 3 本の煙突(えんとつ)が立っている。下の図 2 は，この場所を真上から見たものである。このとき，図 1 で，煙突 B，C は見えるが，煙突Aはこれらに重なって見えない場所を，図 2 にかき入れなさい。

(図 1)

煙突 A

煙突 B

煙突 C

(図 2)

A

B

C

19 図形の移動

チャート式参考書 ≫ 第5章 15

チェック

空欄(くうらん)をうめて，要点のまとめを完成させましょう。

【平行移動】

図形を，一定の方向に一定の距離(きょり)だけずらすことを ①＿＿＿＿ という。

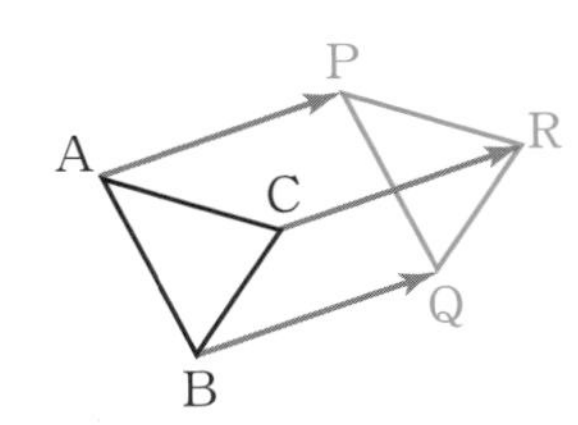

【回転移動】

図形を，ある点Oを中心にして一定の角度だけ回すことを ②＿＿＿＿ といい，点Oを ③＿＿＿＿ という。

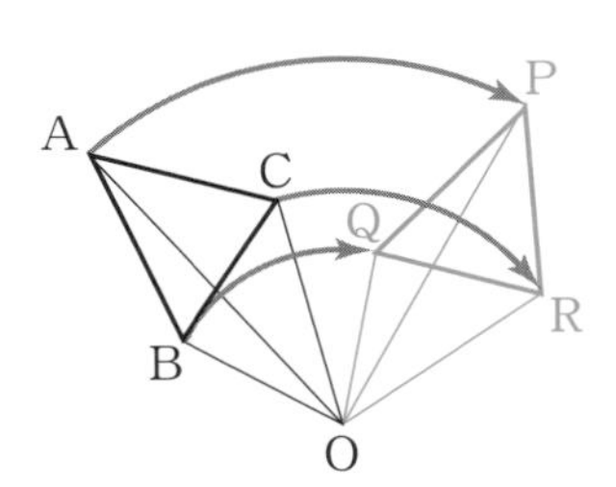

【対称移動】

図形を，ある直線 ℓ を折り目として折り返すことを ④＿＿＿＿ といい，直線 ℓ を ⑤＿＿＿＿ という。

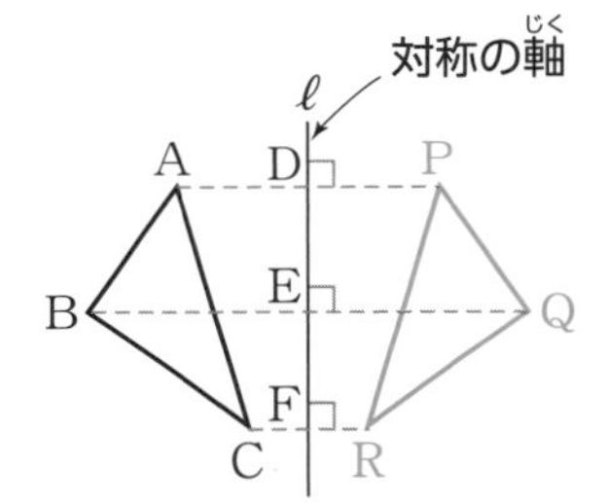

ポイント

平行移動の性質

左の図で，
AP∥CR∥BQ，
AP＝CR＝BQ

回転移動の性質

左の図で，
・∠AOP＝∠BOQ ＝∠COR
・OA＝OP，OB＝OQ，OC＝OR

特に，180° の回転移動を点対称移動(てんたいしょういどう)というよ。

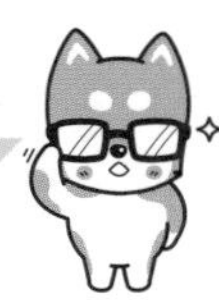

対称移動

左の図で，
AD＝PD，AP⊥ℓ，
BE＝QE，BQ⊥ℓ，
CF＝RF，CR⊥ℓ

トライ

解答 ➡ 別冊 p. 14

1 右の図の △ABC を次のように移動した図形を，それぞれ図にかき入れなさい。

(1) 点Aを点Pに移すように平行移動した図形

(2) 点Oを中心に，矢印の方向に 90° 回転移動した図形

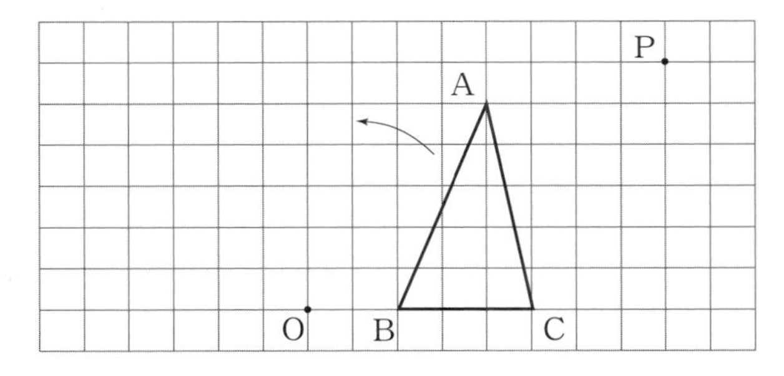

(チェックの解答) ① 平行移動　② 回転移動　③ 回転の中心　④ 対称移動　⑤ 対称の軸

2 右の図の △ABC を次のように対称移動した図形を，それぞれ図にかき入れなさい。

(1) 直線 ℓ を軸として対称移動

(2) 直線 m を軸として対称移動

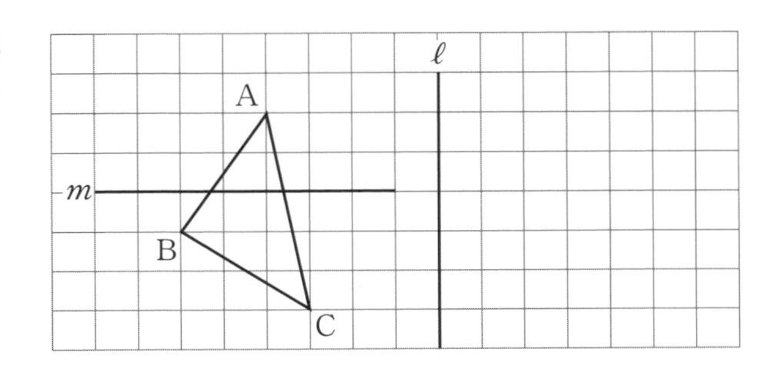

3 右の図の三角形**ア**～**エ**はすべて合同である。次の条件にあてはまる三角形を選んで記号で答えなさい。

(1) **イ**～**エ**のうち，平行移動だけで**ア**に重ねられる三角形

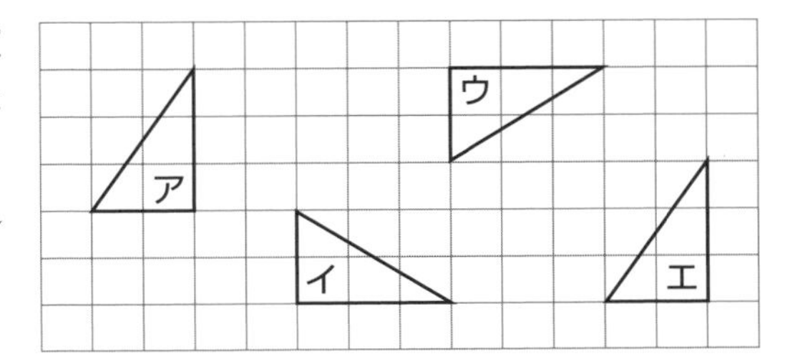

(2) **ア**～**ウ**のうち，1 回の対称移動で**エ**に重ねられる三角形

4 右の図で，2 直線 ℓ，m は平行で，その間の距離は 8 cm である。線分 CD は，直線 ℓ を軸として線分 AB を対称移動させたもので，線分 EF は，直線 m を軸として線分 AB を対称移動させたものである。このとき，2 点 C，E 間の距離を求めなさい。

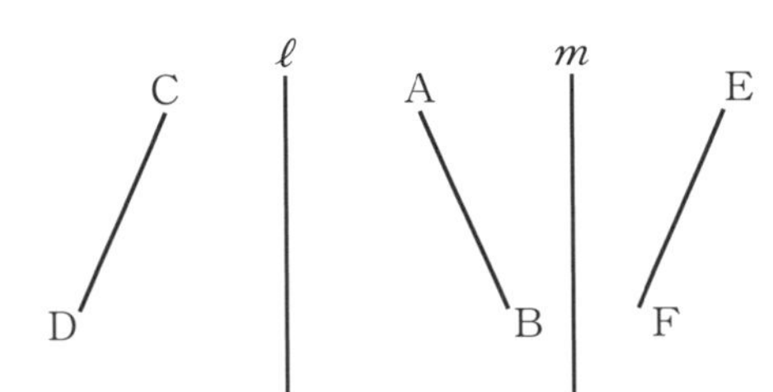

チャレンジ 解答 ➡ 別冊 p. 14

右の図のように，∠AOB の内部に点 P がある。この点 P を直線 OA，OB を軸として対称移動すると，それぞれ点 Q，R に移った。∠AOB＝40° であるとき，∠QOR の大きさを求めなさい。

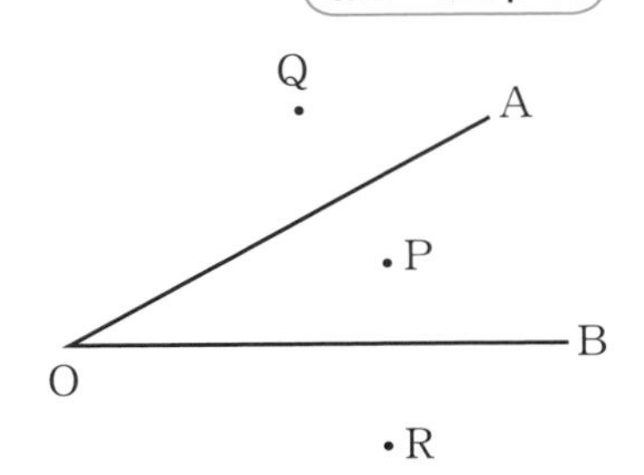

20 作図①

チャート式参考書 >> 第5章 16

チェック

空欄(くうらん)をうめて，要点のまとめを完成させましょう。

【線分 AB の垂直二等分線】

❶ 点 A，B を中心として，同じ半径の ① をかく。

❷ 2つの円の交点を結ぶ直線が，線分 AB の垂直二等分線である。

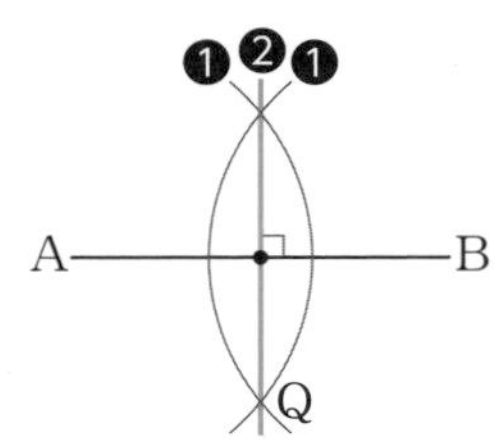
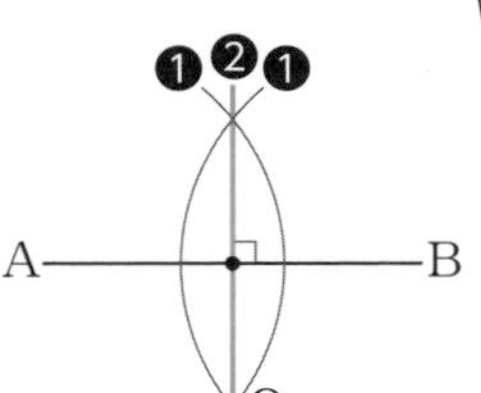

ポイント

作図

定規とコンパスのみを使って図をかくことを作図という。

垂直二等分線

・線分 AB の中点を通り，線分 AB に垂直な直線を，線分 AB の垂直二等分線という。

・線分 AB の垂直二等分線上の点は，2点 A，B から等しい距離(きょり)にある。

角の二等分線

∠AOB の二等分線上の点は，半直線 OA，OB から等しい距離にある。

【∠AOB の二等分線】

❶ 点Oを中心とする円をかく。

❷ ❶の円と半直線 OA，② の交点を中心として，同じ ③ の円をかく。

❸ Oと❷の交点を結ぶ直線が，∠AOB の二等分線である。

A
❶
❷ ❸
❷
O
B

【点Aを通る直線 ℓ の垂線】

❶ 点Aを中心とする ④ をかく。

❷ ❶の円と ⑤ の交点を中心として，同じ半径の円をかく。

❸ Aと❷の交点を結ぶ直線が，直線 ℓ の垂線である。

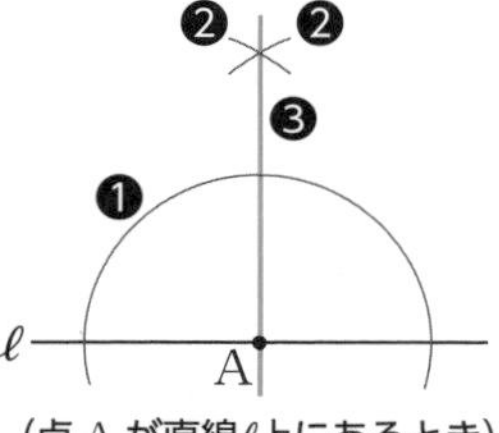

（点 A が直線ℓ上にあるとき）

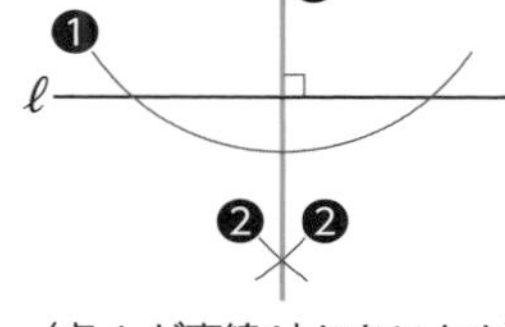

（点 A が直線ℓ上にないとき）

トライ

解答 ➡ 別冊 p. 15

1 右の図の線分 BC を1辺とする正三角形 ABC を1つ作図しなさい。

円をかいたり線分の長さを移したりするときにはコンパスを，直線をひくときには定規を使うよ。

B　　C

チェックの解答 ①円　②OB　③半径　④円　⑤直線 ℓ

2 下の図の △ABC について，次の作図をしなさい。

(1) 辺 BC の垂直二等分線 ℓ

(2) 辺 AC の中点M

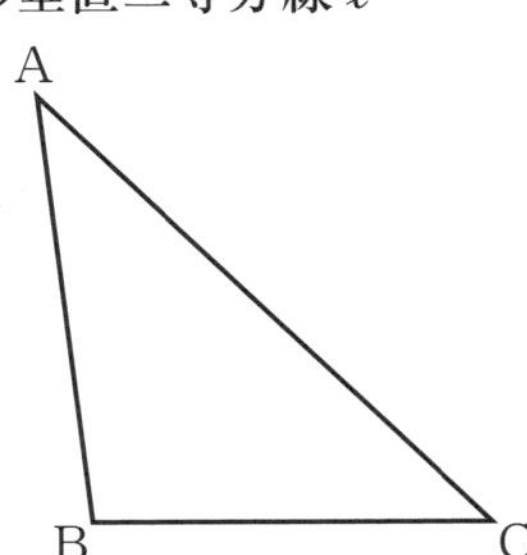

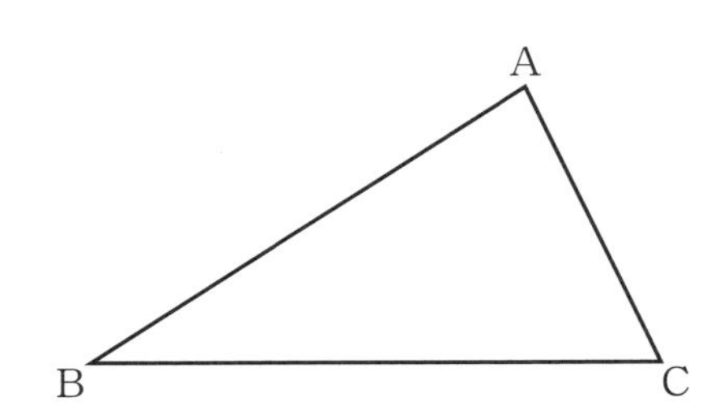

3 下の図において，∠AOB の二等分線を作図しなさい。

(1)

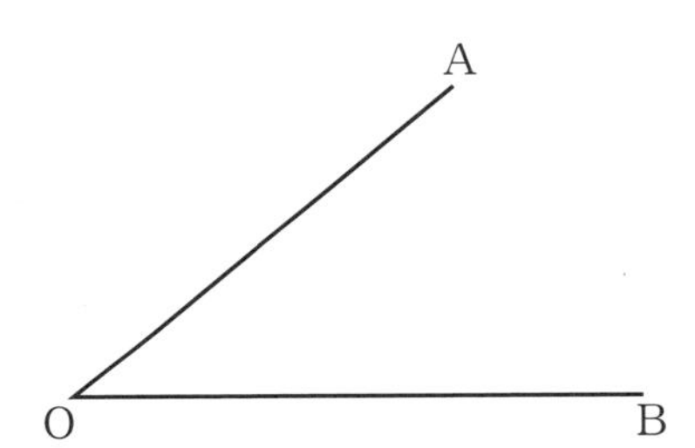

(2)

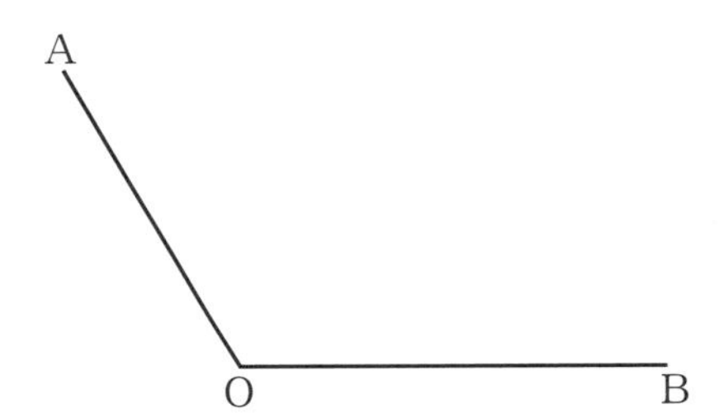

4 下の図の直線 ℓ と点Aについて，Aを通る ℓ の垂線を作図しなさい。

(1)

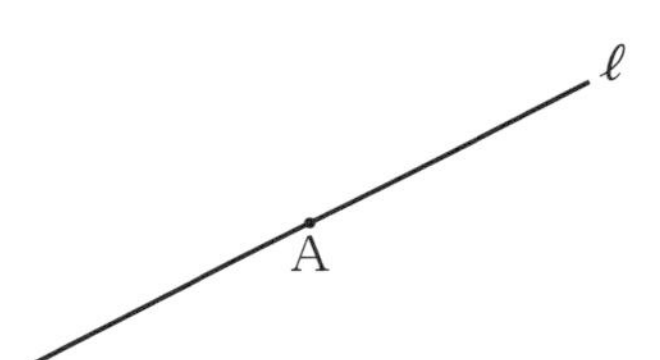

チャレンジ

解答 ⇒ 別冊 p. 15

右の図のように，点Aと ∠BOC がある。
∠BOC を 2 等分する直線上にあり，点Aからの距離がもっとも短い点Pを作図しなさい。

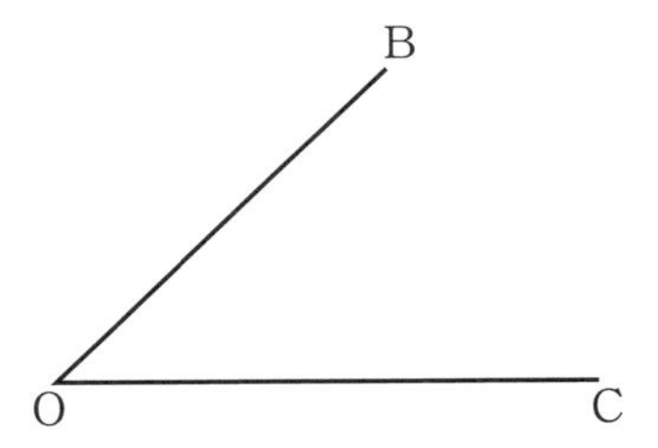

21 作図②

チャート式参考書 >>
第5章 16

チェック

空欄(くうらん)をうめて，要点のまとめを完成させましょう。

【特別な角の作図】

(1) 45° の角の作図

❶ 直線をひき，垂線を作図する。
　（90° の角ができる）

❷ ❶ の角の ① [　　　] を作図する。

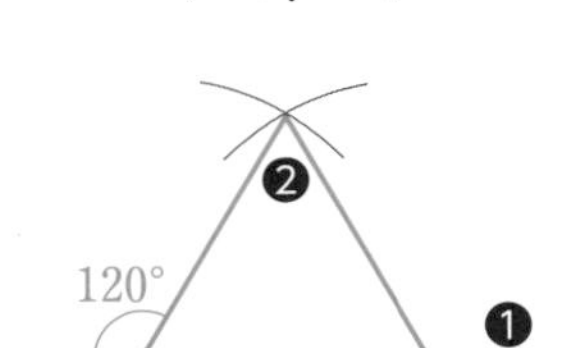

(2) 120° の角の作図

❶ 直線をひく。
　（180° の角ができる）

❷ ② [　　　] を作図する。

120°
❷
❶

【等しい距離(きょり)にある点の作図】

2点からの距離が等しい点… ③ [　　　] の作図を利用。

2辺からの距離が等しい点… ④ [　　　] の作図を利用。

【折り目の作図】

2点が重なる折り目…2点を結ぶ線分の ⑤ [　　　]。

2辺が重なる折り目…2辺の間の角の ⑥ [　　　]。

【角を移す】

合同な ⑦ [　　　] を作図する。

ポイント

特別な角の作図

180° の角…直線をひいて作図。
90° の角…垂線の作図を利用。
60° の角…正三角形の作図を利用。
45° の角…$90° \div 2 = 45°$ より，角の二等分線の作図を利用。
120° の角…$180° - 60° = 120°$ より，正三角形の作図を利用。

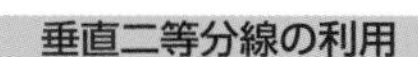

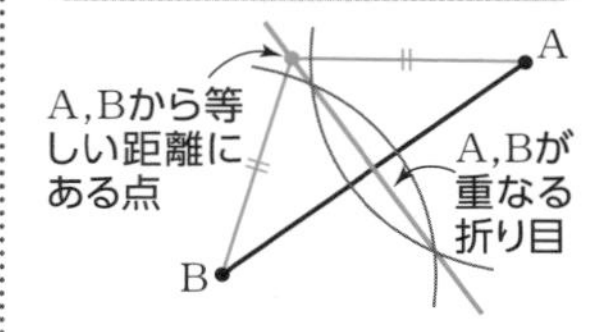

角の二等分線の利用

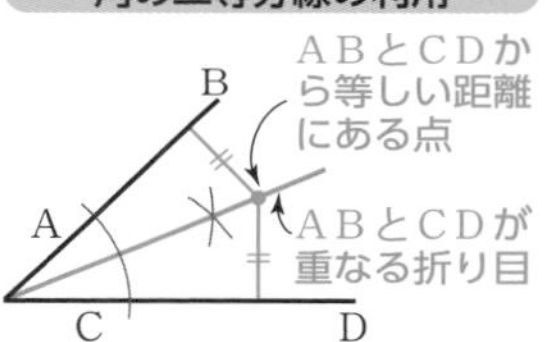

トライ

解答 ➡ 別冊 p. 15

1 線分 AB を斜辺(しゃへん)とする3つの角が 30°，60°，90° の直角三角形 ABC を作図しなさい。

A————————B

チェックの解答 ① 二等分線　② 正三角形　③ 垂直二等分線　④ 角の二等分線　⑤ 垂直二等分線　⑥ 二等分線　⑦ 三角形

2 右の図の直線 ℓ と 2 点 A，B において，直線 ℓ 上にある点で AP＝BP となる点 P を作図しなさい。

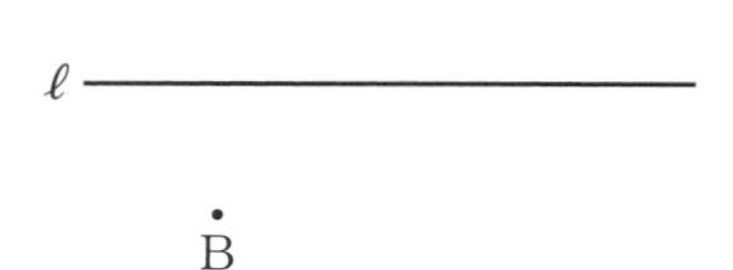

3 右の図のように，四角形 ABCD の形をした紙がある。辺 BA が辺 BC 上に重なるように折ったとき，この紙にできる折り目の線分を作図しなさい。

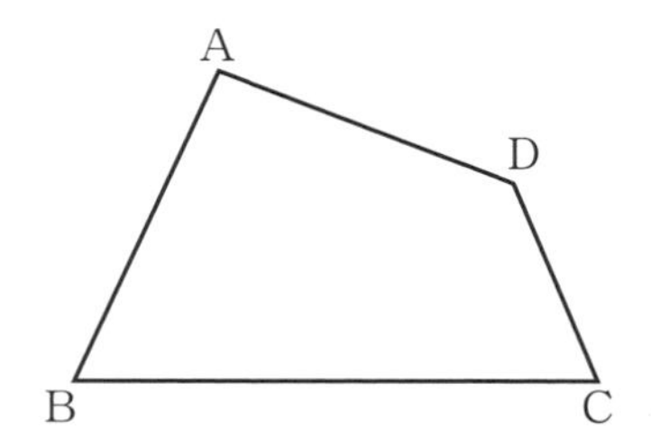

4 下の図 1 と図 2 において BC＝EF のとき，∠ABC と等しい角を図 2 に 1 つ作図しなさい。

(図1)

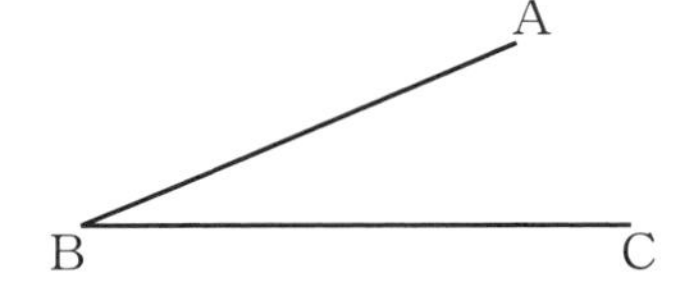

(図2)

チャレンジ

解答 ➡ 別冊 p. 15

右の図のように，△ABC の形をした紙がある。
辺 BC 上の点 D を通る直線で，点 B が辺 AC 上の点 E に重なるように折ったとき，この紙にできる折り目の線分と点 E を作図しなさい。

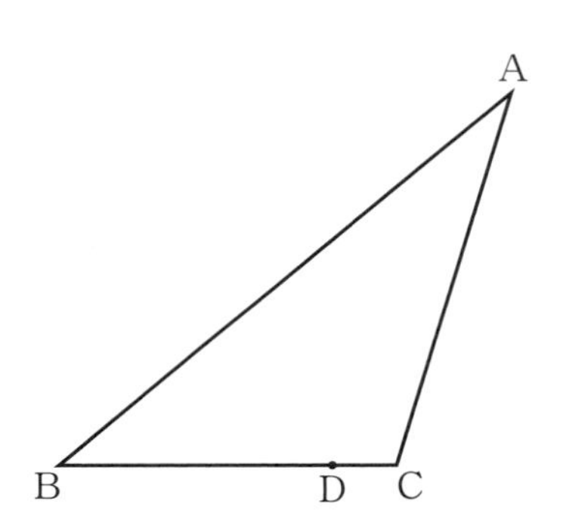

22 円

チャート式参考書 >>
第5章 17

チェック

空欄(くうらん)をうめて，要点のまとめを完成させましょう。

【円の中心の作図】

❶ 円の ① ＿＿ を2本ひく。

❷ ❶のそれぞれの ② ＿＿ をひくと，その交点が円の中心になる。

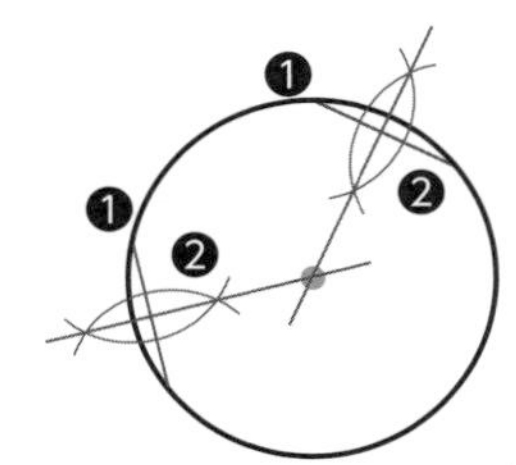

【円の接線の作図】

❶ 円の ③ ＿＿ と接点を結ぶ。

❷ 接点を通る，❶の半直線の ④ ＿＿ が，円の接線になる。

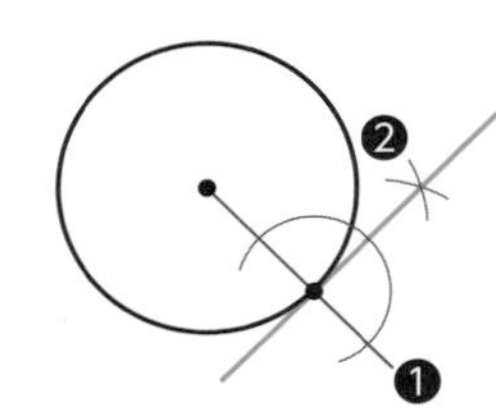

【2辺に接する円の作図】

❶ 接点を通る，辺の ⑤ ＿＿ をひく。

❷ 角の ⑥ ＿＿ をひく。

❸ ❶，❷の交点を中心として，辺に接する円をかく。

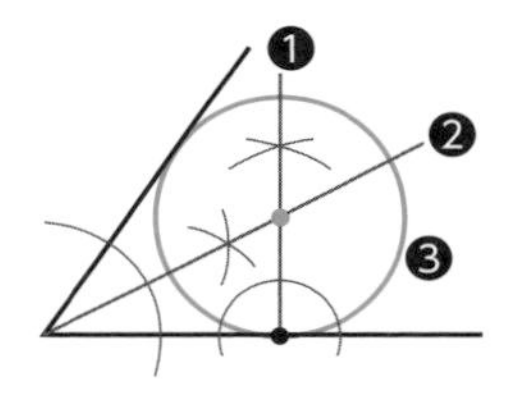

円の弧(こ)と弦(げん)

・円周上の2点A，Bを両端(りょうたん)とする円周の一部を弧ABという。

・円周上の2点A，Bを結ぶ線分を弦ABという。

・円の弦の垂直二等分線は円の対称(たいしょう)の軸(じく)となり，円の中心を通る。

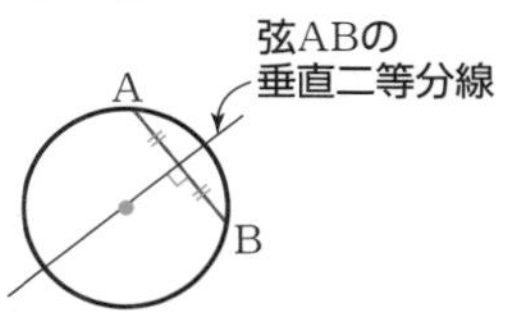

円の接線

・円が直線と1点のみで交わるとき，円と直線は接するといい，接する直線を接線，円と直線の交点を接点という。

・円の接線は，接点を通る半径に垂直である。

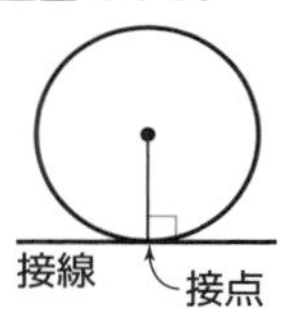

トライ

解答 ⇒ 別冊 p. 16

1 右の図は円の一部である。この円を完成させなさい。

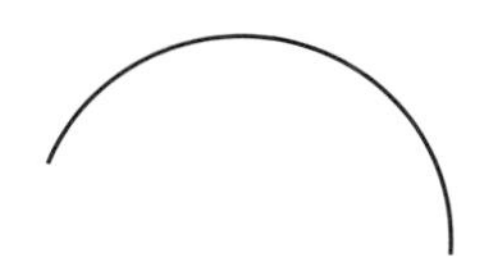

(チェックの解答) ① 弦　② 垂直二等分線　③ 中心　④ 垂線　⑤ 垂線　⑥ 二等分線

2 右の図のように，点Aが円O上に，点Bが円Oの外にある。このとき，次の作図をしなさい。

(1) 点Aで円Oと接する接線

(2) 点Bを中心とし，(1)の接線と接する円

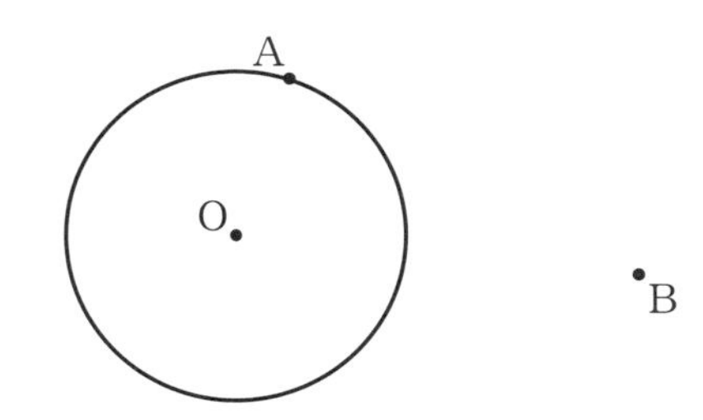

(2) 円の接線と半径の関係を思い出そう。

3 下の図において，次のような円Oを，それぞれ作図しなさい。

(1) 中心が直線 ℓ 上にあり，2点A，Bを通る　(2) 点Aで直線 ℓ に接し，点Bを通る

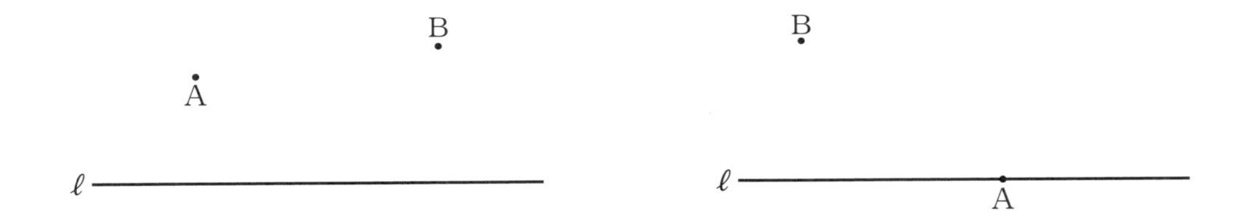

チャレンジ 解答 ➡ 別冊 p. 16

右の図で，点Pで線分ABに接し，線分BC，CDにも接する円を作図しなさい。

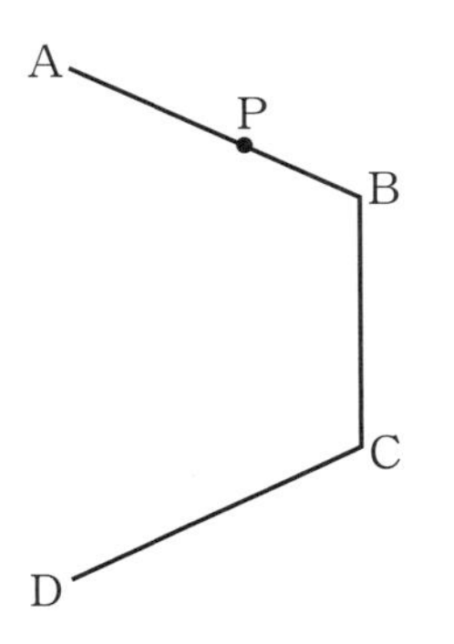

確認問題⑤

解答 ➡ 別冊 p. 16

1 右の図の台形 ABCD について，次の問いに答えなさい。

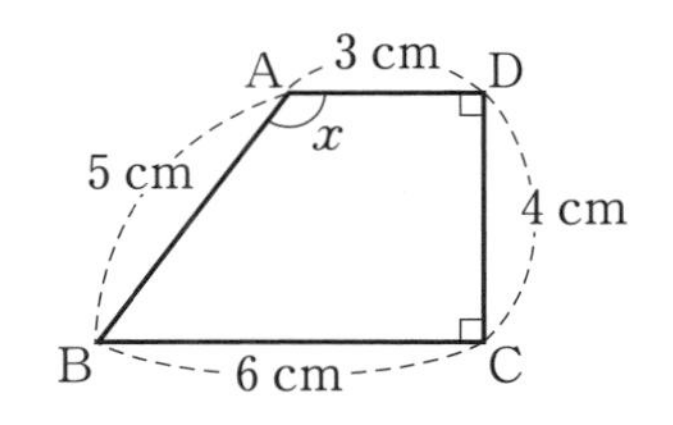

(1) $\angle x$ を A，B，D を使って表しなさい。

(2) 次の**ア**〜**ウ**から正しいものをすべて選びなさい。

ア AD∥BC である。

イ 点Aと線分 BC との距離(きょり)は 5 cm である。

ウ 線分 AD，BC 間の距離は 4 cm である。

2 右の図の四角形 ABCD を次の [1]，[2] の順で移動させた図形を，図にかき入れなさい。

[1] 直線 ℓ を軸(じく)として対称移動(たいしょういどう)する。

[2] 矢印 PQ の方向に線分 PQ の長さだけ平行移動する。

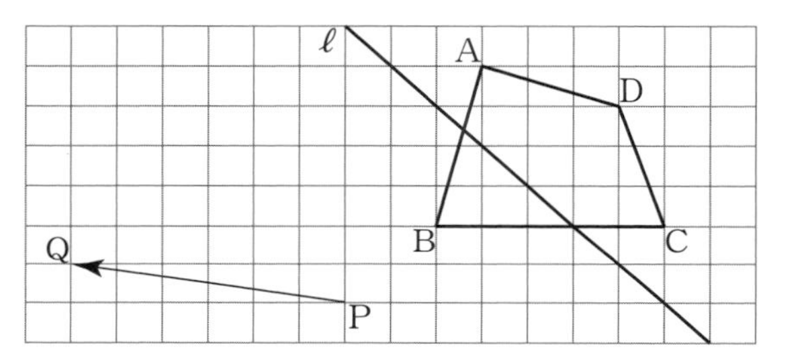

3 下の図のように，△ABC と，平行な 2 直線 ℓ，m がある。△ABC を，直線 ℓ を軸として △DEF に対称移動し，さらに直線 m を軸として △GHI に対称移動する。このとき，△GHI は △ABC をどのように移動したものか答えなさい。ただし，直線 ℓ と m の距離は 6 cm とする。

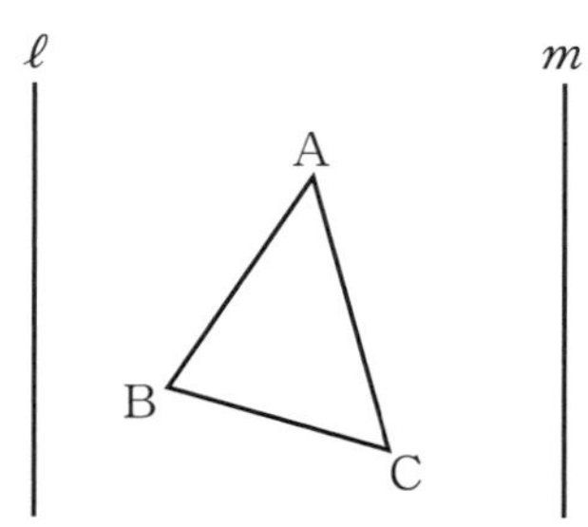

4 右の図のように，垂直な 2 直線 OX，OY と点Aがある。点Aを直線 OY を軸として対称移動した点をB，点Oを中心として時計の針の回転と同じ向きに 70° 回転移動した点をCとする。∠AOX＝30° とするとき，点Bを，点Oを中心として，時計の針の回転と反対向きに何度回転移動すると，点Cに重なるか答えなさい。

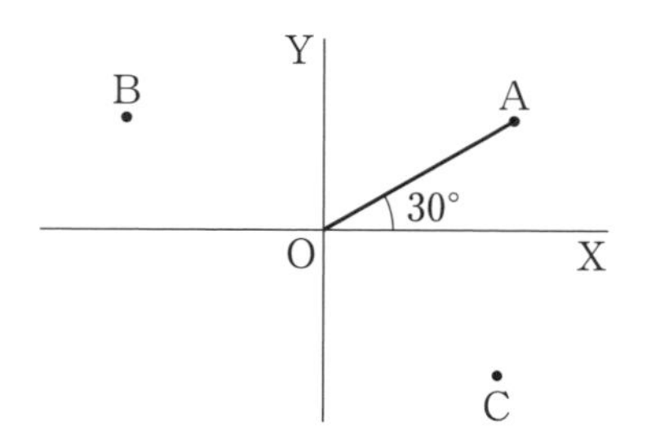

5 次の作図をしなさい。

(1) ∠PAB＝30° となるような点P

(2) ∠QAB＝135° となるような点Q

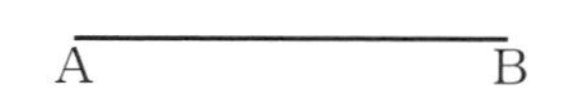

6 右の図のように，長方形 ABCD の形をした紙がある。頂点Aと頂点Cが重なるように折ったとき，この紙にできる折り目の線分を作図しなさい。

7 右の図の 3 点 A，B，C から等しい距離にある点Oを作図しなさい。

A

C

B

23 いろいろな立体 / 直線や平面の位置関係

チャート式参考書 ≫ 第6章 18, 19

チェック

空欄(くうらん)をうめて，要点のまとめを完成させましょう。

【いろいろな立体】

ア　イ　ウ　エ

上のア～エの立体のうち，

多面体は ① ，三角錐は ② ，

（平面だけで囲まれた立体）

底面の形が円である立体は ③ である。

また，アの立体の面の数は ④ である。

円柱や円錐は，曲がった面（曲面）があるから，多面体じゃないよ！

【直線や平面の位置関係】

右の三角柱で，

直線 AB と垂直な直線は

⑤ ，

直線 AB とねじれの位置にある直線は

⑥ ，

直線 AD と平行な平面は ⑦ ，

平面 ABC と平行な平面は ⑧ ，

いろいろな立体

左の図で，アを三角錐(さんかくすい)，イを円柱，ウを四角柱（直方体），エを円錐という。

正多面体

正多面体は，正四面体，正六面体，正八面体，正十二面体，正二十面体の 5 種類しかない。

2 直線の位置関係

・交わっているか平行である 2 直線は，同じ平面上にある。

・交わっても平行でもない 2 直線をねじれの位置にあるといい，このとき 2 直線は同じ平面上にない。

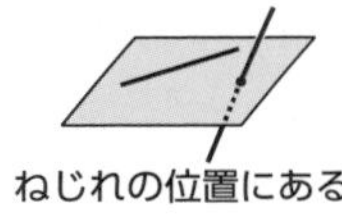

ねじれの位置にある

直線と平面の位置関係

・直線が平面にふくまれる

・1 点で交わる

・平行（交わらない）

トライ

解答 ➡ 別冊 p. 17

1 次の立体は，どのような形の面からできているか答えなさい。

(1) 立方体　　(2) 五角柱　　(3) 正四角錐

（チェックの解答）①ア，ウ　②ア　③イ，エ　④4　⑤直線 AD，BC，BE　⑥直線 CF，DF，EF　⑦平面 BCFE　⑧平面 DEF

2 正多面体について，次の問いに答えなさい。

(1) 正十二面体の面はどのような形をしているか答えなさい。

(2) 面が正三角形である正多面体を答えなさい。

3 空間内に異なる 3 直線 ℓ, m, n, 異なる 3 平面 P, Q, R がある。次の**ア**～**エ**について，つねに正しいものを選びなさい。

ア　$P\perp Q$, $Q /\!/ R$　ならば　$P\perp R$

イ　$Q /\!/ \ell$, $R /\!/ \ell$　ならば　$Q /\!/ R$

ウ　$P\perp \ell$, $P\perp m$　ならば　$\ell /\!/ m$

エ　$\ell\perp n$, $m\perp n$　ならば　$\ell /\!/ m$

4 右の図の正六角柱 ABCDEF-GHIJKL について，次の問いに答えなさい。

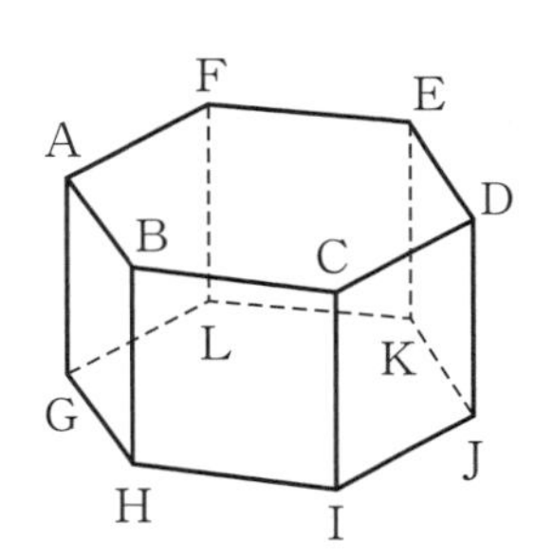

(1) 面 ABHG と平行な面を答えなさい。

(2) 面 BCIH と垂直な面を答えなさい。

チャレンジ

解答 ➡ 別冊 p. 17

右の図のように，AD /\!/ BC の台形 ABCD を底面とする四角柱 ABCD-EFGH があり，AB＝5 cm，BC＝2 cm，CD＝3 cm，DA＝6 cm，AE＝3 cm である。この四角柱の辺のうち，辺 AB とねじれの位置にあるすべての辺の長さの合計を求めなさい。

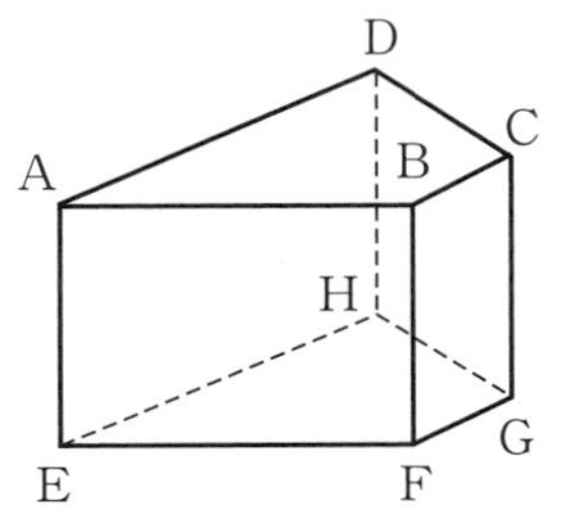

24 立体のいろいろな見方

チャート式参考書 >> 第6章 20

チェック

空欄(くうらん)をうめて，要点のまとめを完成させましょう。

【面や線が動いてできる立体】

三角形を，面に垂直な方向に動かすと，①［　　］ができる。また，円をふくむ平面に垂直な線分を，円周にそってひとまわりさせると，②［　　］の側面ができる。

【回転体を平面で切った切り口】

右の直角二等辺三角形を，直線 ℓ を軸(じく)として1回転させると立体ができる。この立体を，直線 ℓ に垂直な平面で切ると，切り口は③［　　］になり，直線 ℓ をふくむ平面で切ると，切り口は④［　　］になる。

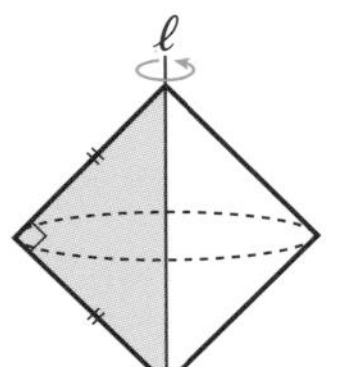
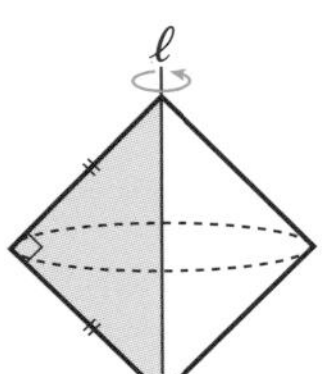

【投影図(とうえいず)】

(1) 右の投影図は，立面図が長方形，平面図が円なので，⑤［　　］を表している。

立面図 ← 真正面から見た図
平面図 ← 真上から見た図

(2) 右の投影図は，立面図が三角形，平面図が長方形なので，⑥［　　］を表している。

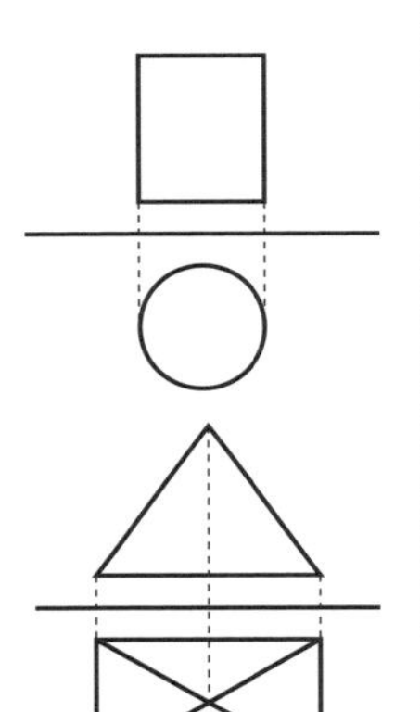

面や線が動いてできる立体

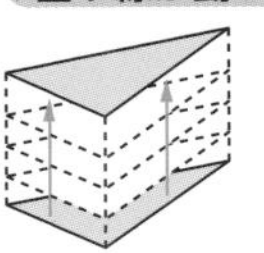
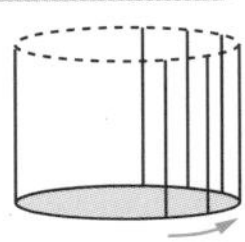

回転体

1つの平面図形を，直線を軸として1回転させてできる立体を回転体といい，直線を回転の軸という。

回転体の切り口

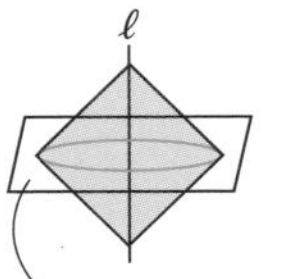

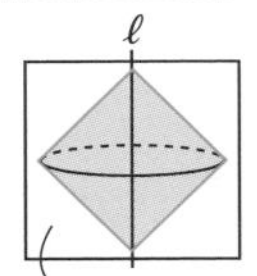

投影図

立体を正面から見た図を立面図，真上から見た図を平面図といい，まとめて投影図という。

トライ

解答 ➡ 別冊 p. 18

1 1辺 4 cm の正方形を，その面に垂直な方向に 6 cm 動かすと，どのような立体ができるか答えなさい。

面が動くと立体になるんだね。

チェックの解答 ① 三角柱　② 円柱　③ 円　④ 正方形　⑤ 円柱　⑥ 四角錐

2 右の図の**ア**直角三角形，**イ**長方形を，それぞれ直線 ℓ を軸として１回転させる。このとき，**ア**，**イ**のそれぞれについて，次の問いに答えなさい。

(1) できた立体を，ℓ に垂直な平面で切ると，切り口はどのような図形になるか答えなさい。

(2) できた立体を，ℓ をふくむ平面で切ると，切り口はどのような図形になるか答えなさい。

3 次の図形を，直線 ℓ を軸として１回転させてできる回転体の見取図をかきなさい。

(1)

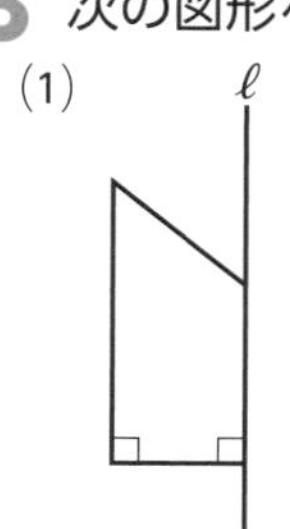

(2)

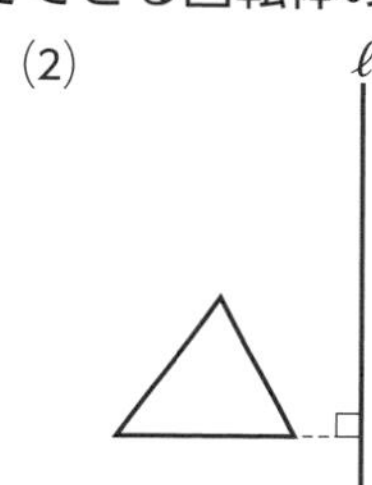

4 次の投影図で表される立体の見取図をかきなさい。

(1)

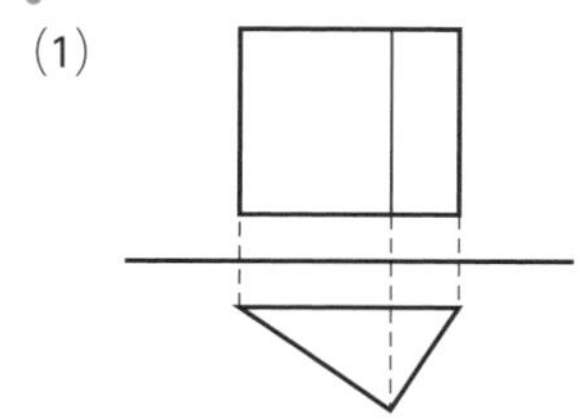

(2)

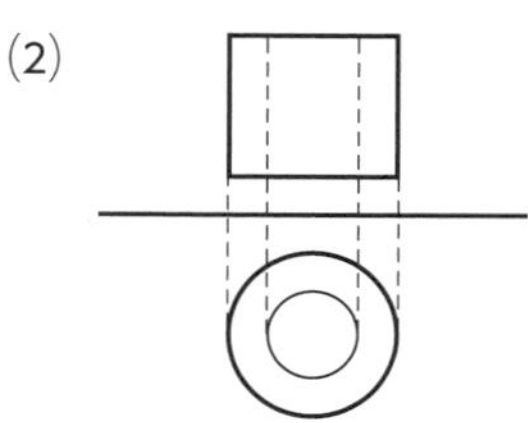

チャレンジ

解答 ➡ 別冊 p. 18

右の投影図で表される立体について，次の問いに答えなさい。

(1) 立体の名前を答えなさい。

(2) 立体の面の数を答えなさい。

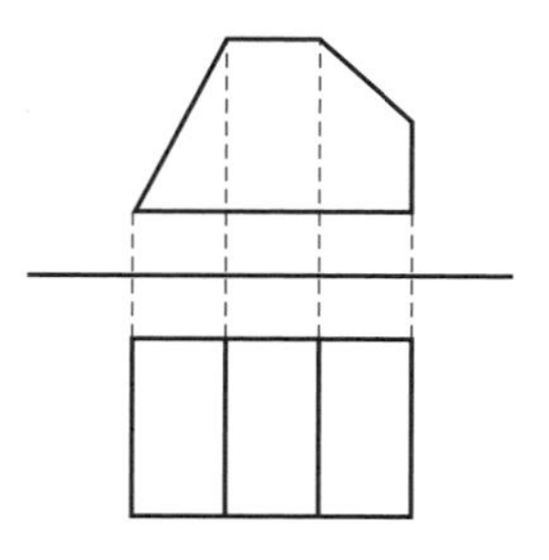

25 立体の体積と表面積①

チャート式参考書 >> 第6章 21

チェック

空欄(くうらん)をうめて，要点のまとめを完成させましょう。

【立体の体積】

右の図の立体は円錐(えんすい)で，

底面積は $\pi\times3^2$= ① (cm²)

（半径 3 cm の円）

体積は $\frac{1}{3}$× ① ×5= ② (cm³)

（高さ）

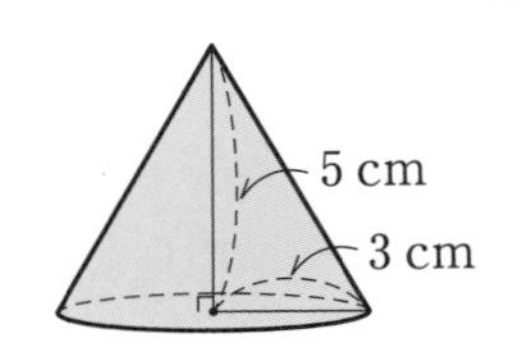

【展開図】

ア

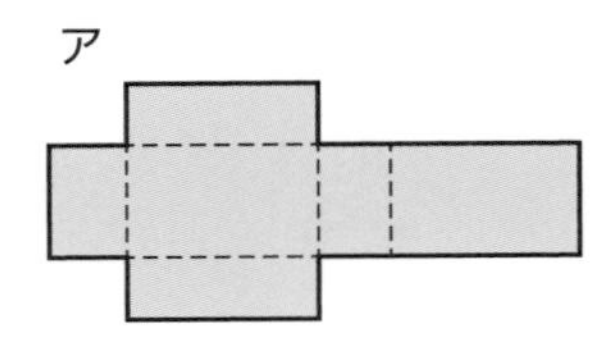

イ

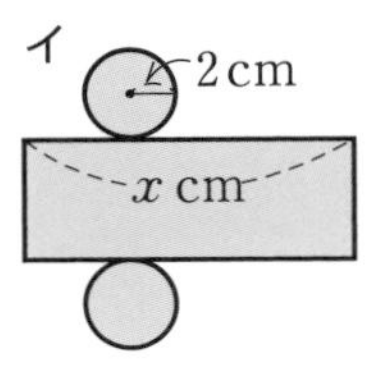

ウ

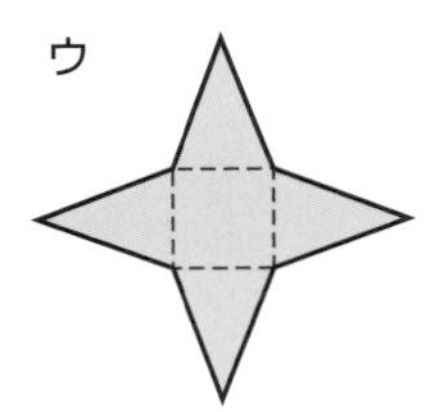

上の展開図をそれぞれ組み立てると，

アは ③ ，**イ**は ④ ，**ウ**は ⑤ になる。

また，**イ**の展開図で，x は底面の周の長さと等しくなるので，

$x=2\pi\times2=$ ⑥ (cm)

ポイント

立体の体積

・(角柱・円柱の体積)
=(底面積)×(高さ)

・(角錐・円錐の体積)
$=\frac{1}{3}$×(底面積)×(高さ)

角柱・円柱の展開図

側面は長方形になる。長方形の横の長さは，底面の図形の周の長さと等しくなる。

角錐の展開図

・側面は三角形になる。

・正四角錐の展開図は，1つの正方形と4つの二等辺三角形でつくられる。

トライ

解答 ➡ 別冊 p.18

1 次の立体の体積を求めなさい。

(1) 底面の1辺が 2 cm，高さが 5 cm の正四角柱

(2) 底面の半径が 4 cm，高さが 6 cm の円柱

2 次の立体の体積を求めなさい。

(1) 底面の1辺が 3 cm，高さが 7 cm の正四角錐

(2) 底面の半径が 5 cm，高さが 9 cm の円錐

チェックの解答 ① 9π ② 15π ③ 四角柱（直方体） ④ 円柱 ⑤ 四角錐 ⑥ 4π

3 次の問いに答えなさい。

(1) 右の図は正三角柱の展開図である。x の値を求めなさい。

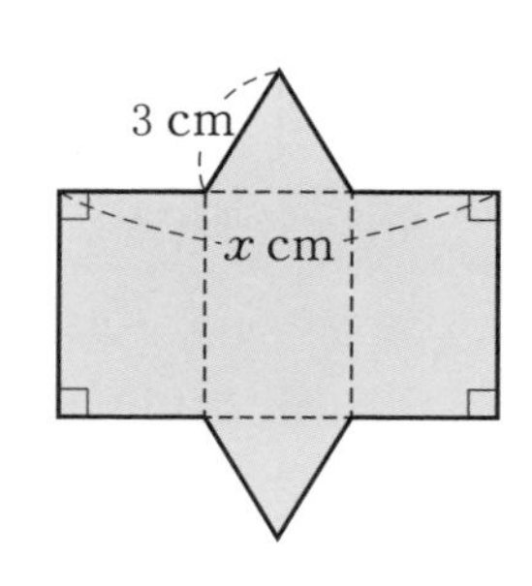

(2) 右の展開図を組み立てるとどのような立体ができるか答えなさい。ただし，辺の長さの単位は cm である。

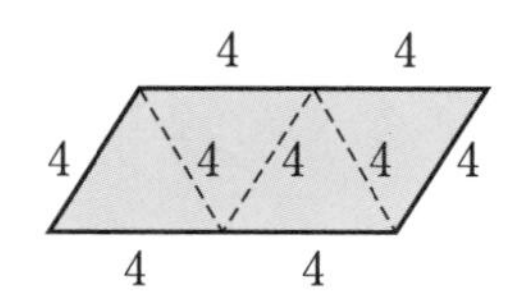

4 右の展開図を組み立ててできる立方体について，次の問いに答えなさい。

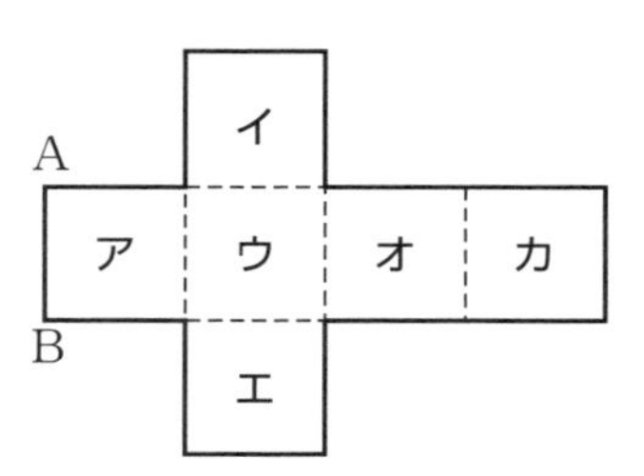

(1) 次のような面を**ア**～**カ**の記号ですべて答えなさい。

① 面**ア**と垂直になる面

② 面**ウ**と平行になる面

③ 辺 AB と垂直になる面

④ 辺 AB と平行になる面

(2) 点Aと重なる点を，すべて図にかき入れなさい。

チャレンジ 解答 ➡ 別冊 p. 18

展開図が次の図のようになる角柱，角錐の体積を求めなさい。

(1)

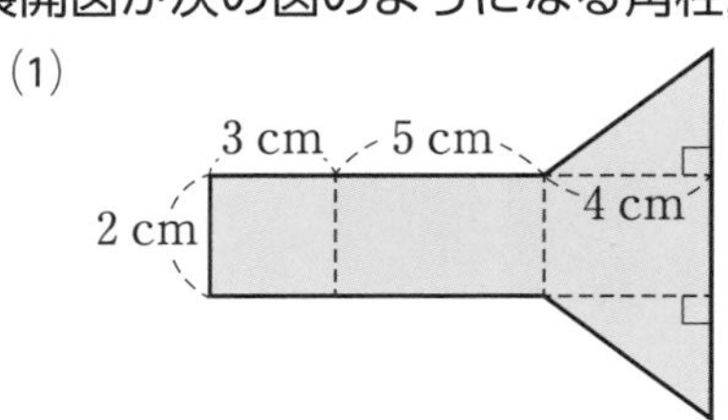

(2)

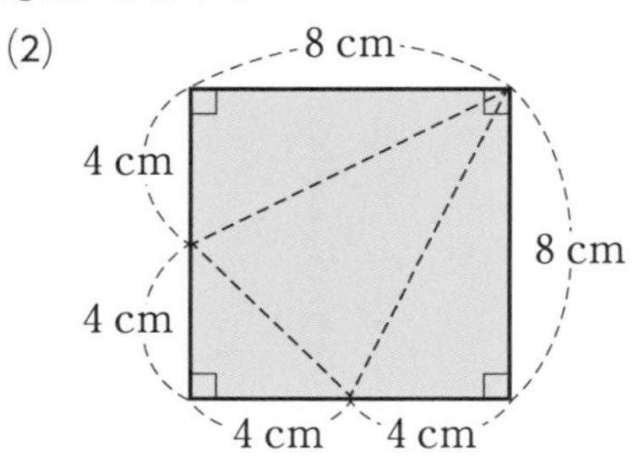

26 立体の体積と表面積②

チャート式参考書 >> 第6章 21

チェック

空欄(くうらん)をうめて，要点のまとめを完成させましょう。

【おうぎ形の弧(こ)の長さ・面積】

右の図は，半径 6 cm，中心角 120° のおうぎ形である。

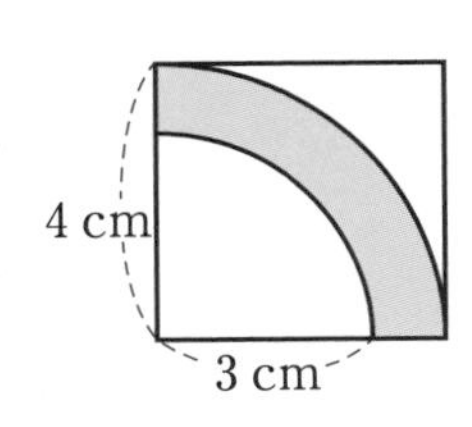

$\dfrac{120}{360}=$ ① より，

おうぎ形の弧の長さは，$2\pi\times6\times$ ① $=$ ② (cm)

（$2\pi\times6$：半径 6 cm の円の円周）

おうぎ形の面積は，$\pi\times6^2\times$ ① $=$ ③ (cm²)

（$\pi\times6^2$：半径 6 cm の円の面積）

別解　おうぎ形の面積は，$\dfrac{1}{2}\times$ ② $\times6=$ ③ (cm²)

【くふうして面積などを求める】

問　右の図は，1 辺 4 cm の正方形に，中心角が 90°，半径が 4 cm，3 cm の 2 つのおうぎ形を組み合わせたものである。色のついた部分の面積を求めなさい。

4 cm
3 cm

解答　中心角 90°，半径 4 cm のおうぎ形の面積から，中心角 90°，半径 3 cm のおうぎ形の面積をひけばよいので，

$\pi\times$ ④ $^2\times\dfrac{90}{360}-\pi\times$ ⑤ $^2\times\dfrac{90}{360}=$ ⑥ (cm²)

ポイント

おうぎ形

円の 2 つの半径と弧で囲まれた図形をおうぎ形という。

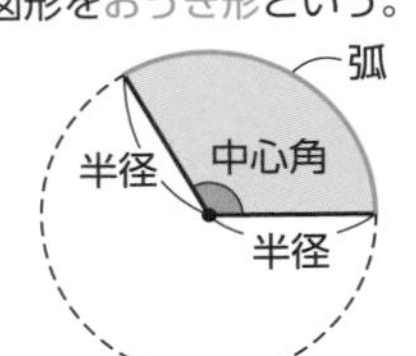

半径 r，中心角 a° のおうぎ形の弧の長さを ℓ，面積を S とすると，

$\ell=2\pi r\times\dfrac{a}{360}$

$S=\pi r^2\times\dfrac{a}{360}=\dfrac{1}{2}\ell r$

色のついた部分の面積

直接求めるのが難しくても，知っている図形にもちこんで考える。

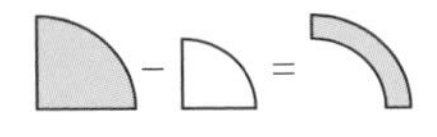

トライ

解答 ➡ 別冊 p.19

1　次のようなおうぎ形の弧の長さと面積を求めなさい。

(1) 半径 12 cm，中心角 60°

(2) 半径 10 cm，中心角 126°

チェックの解答　① $\dfrac{1}{3}$　② 4π　③ 12π　④ 4　⑤ 3　⑥ $\dfrac{7}{4}\pi$

2 半径が 5 cm，弧の長さが 2π cm のおうぎ形について，次の問いに答えなさい。

(1) このおうぎ形の面積を求めなさい。

(2) このおうぎ形の中心角の大きさを求めなさい。

3 右の図のように，半径 5 cm，中心角 60° のおうぎ形 AOB と，半径 3 cm，中心角 60° のおうぎ形 COD がある。AC⊥OC，BD⊥OD，AC＝BD＝4 cm のとき，次の問いに答えなさい。

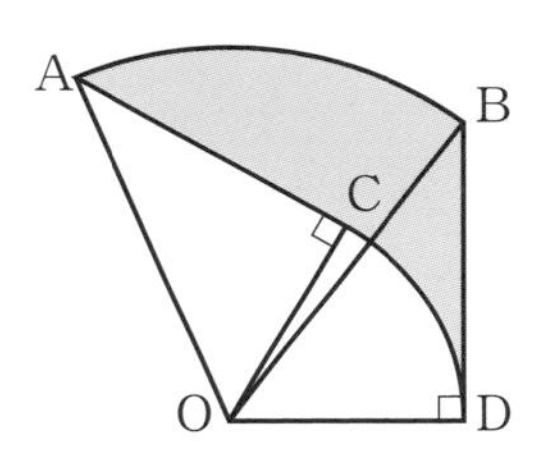

(1) 色のついた部分の周の長さを求めなさい。

(2) 色のついた部分の面積を求めなさい。

(1) 直線部分と曲線部分があるよ。

チャレンジ

解答 ➡ 別冊 p. 19

右の図は，長方形 ABCD と，辺 DC を直径とする半円を組み合わせた図形である。線分 MN が，辺 AB，辺 DC の垂直二等分線となっているとき，色のついた部分の面積を求めなさい。

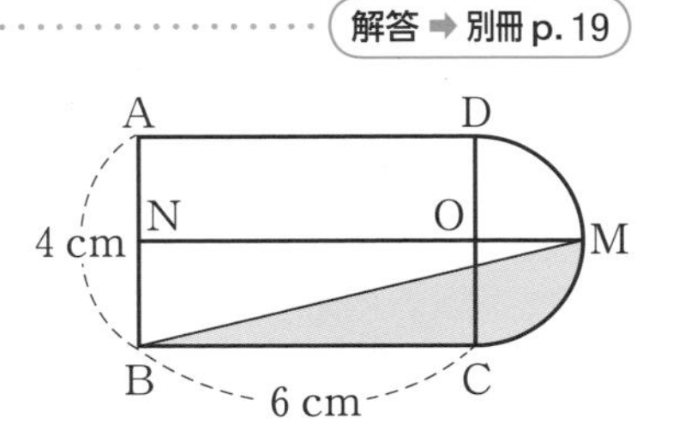

27 立体の体積と表面積③

チャート式参考書 >> 第6章 21

チェック

空欄(くうらん)をうめて，要点のまとめを完成させましょう。

【円柱の表面積】

底面が半径 4 cm の円で，高さが 7 cm の円柱がある。この円柱の底面積は，

$\pi\times4^2=$ ① (cm²)

側面積は，

$7\times\underline{(2\pi\times4)}=$ ② (cm²)

底面の周

よって，この円柱の表面積は，

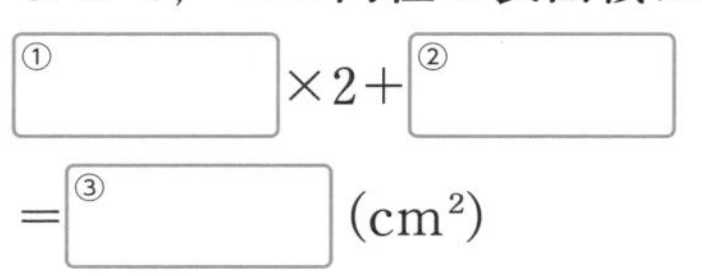

① ×2+ ②

= ③ (cm²)

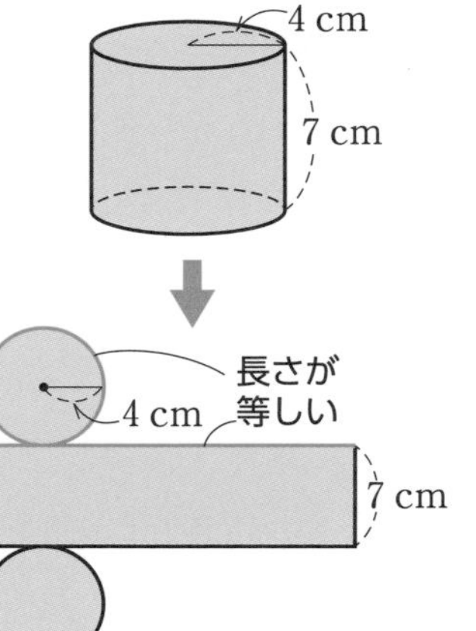
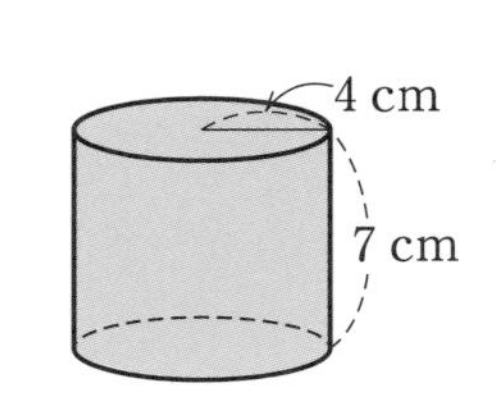

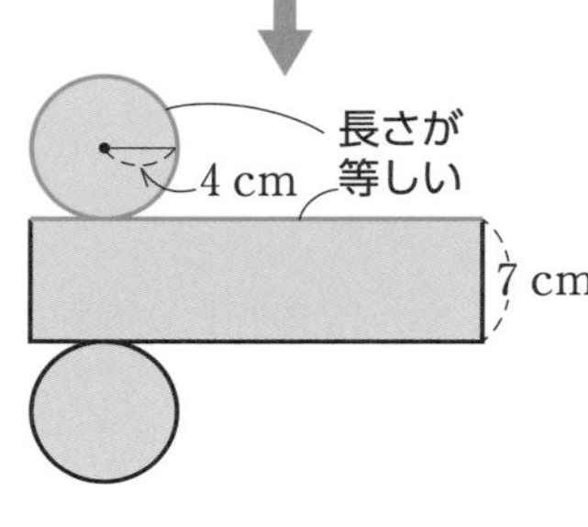

【円錐(えんすい)の表面積】

底面の半径が 3 cm，母線の長さが 5 cm の円錐がある。この円錐の底面積は，

$\pi\times3^2=$ ④ (cm²)

側面のおうぎ形の弧(こ)の長さは，

$2\pi\times3=$ ⑤ (cm)

よって，側面積は，

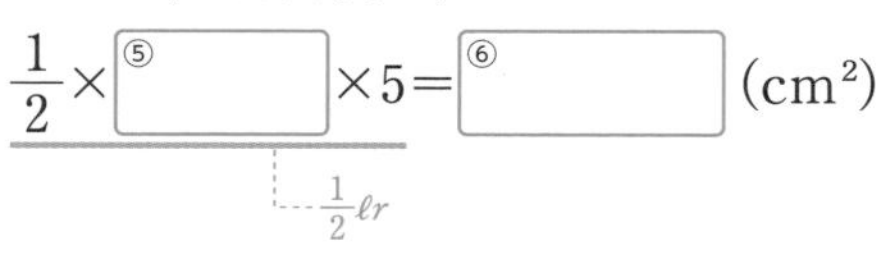

$\frac{1}{2}\times$ ⑤ $\times5=$ ⑥ (cm²)

$\frac{1}{2}\ell r$

よって，この円錐の表面積は，

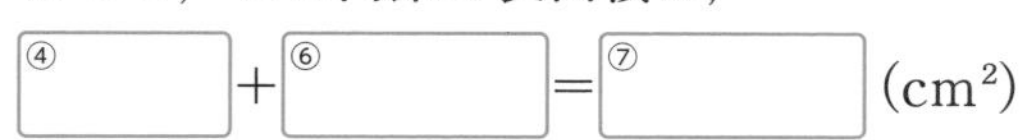

④ + ⑥ = ⑦ (cm²)

5 cm
3 cm
5 cm
3 cm
長さが
等しい

【球の体積・表面積】

半径 6 cm の球の体積は，$\frac{4}{3}\times\pi\times6^3=$ ⑧ (cm³)

表面積は，$4\times\pi\times6^2=$ ⑨ (cm²)

表面積

立体の，すべての面の面積の和を表面積という。

角柱・円柱の表面積

- (底面積)×2+(側面積)
- 側面は長方形になる。横の長さは底面の周の長さと等しい。

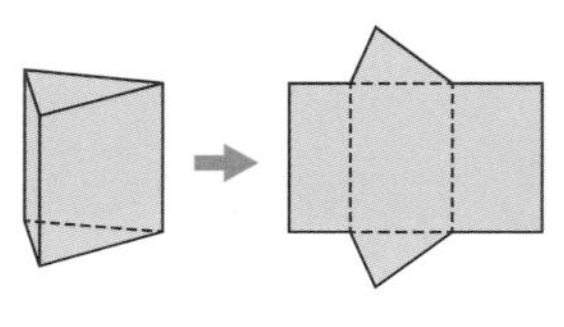

角錐・円錐の表面積

- (底面積)+(側面積)
- 角錐の側面は三角形になる。

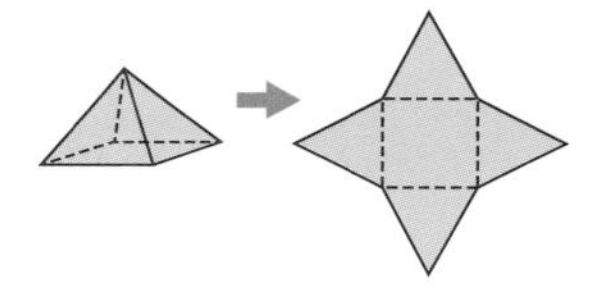

円錐の側面積

- 円錐の側面はおうぎ形になる。おうぎ形の弧の長さは底面の円周の長さと等しく，半径は円錐の母線の長さと等しい。
- 弧の長さ ℓ，半径 r のおうぎ形の面積が $\frac{1}{2}\ell r$ であることを利用すると，簡単に面積が求まる。

球の体積・表面積

半径 r の球の，

体積は $\frac{4}{3}\pi r^3$，表面積は $4\pi r^2$

(チェックの解答) ① 16π　② 56π　③ 88π　④ 9π　⑤ 6π　⑥ 15π　⑦ 24π　⑧ 288π　⑨ 144π

トライ

解答 ➡ 別冊 p. 19

1 次の立体の表面積を求めなさい。

(1) 三角柱

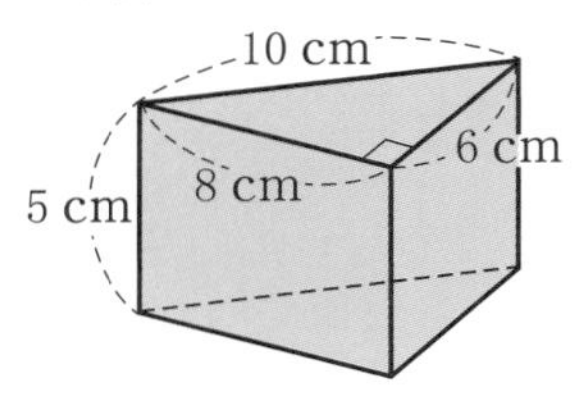

(2) 正四角錐

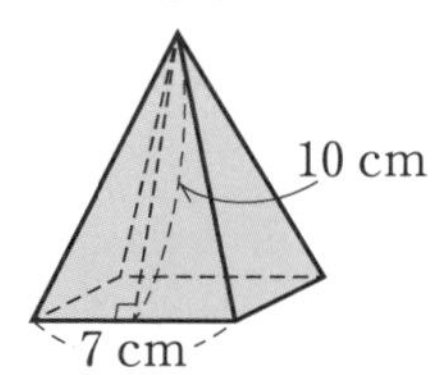

(3) 底面の半径が 3 cm，高さが 8 cm の円柱

2 底面の半径が 8 cm，母線の長さが 12 cm の円錐がある。

(1) この円錐の表面積を求めなさい。

(2) 側面となるおうぎ形の中心角の大きさを求めなさい。

3 次のような球の体積と表面積を求めなさい。

(1) 半径が 3 cm の球

(2) 半径が 5 cm の球

チャレンジ

解答 ➡ 別冊 p. 19

底面の半径が 6 cm，母線の長さが 9 cm の円錐を，底面に平行な面で切って上の部分を取り除き，右の図のような円錐台をつくった。この円錐台の表面積を求めなさい。

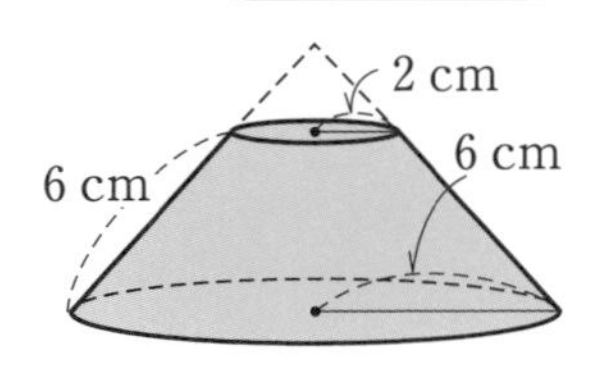

28 立体の体積と表面積④

チャート式参考書≫ 第6章 21

チェック

空欄(くうらん)をうめて，要点のまとめを完成させましょう。

【回転体の体積】

右の図のような，直角三角形と長方形を組み合わせた図形を，直線 ℓ を軸(じく)として1回転させると，①[　　]と円柱を組み合わせた立体ができる。

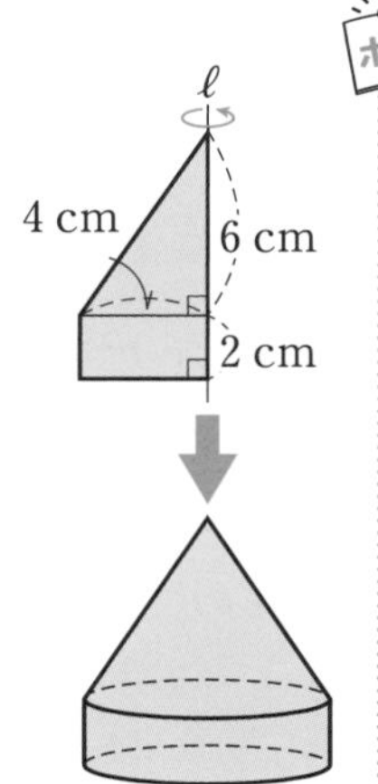

この立体の体積は，

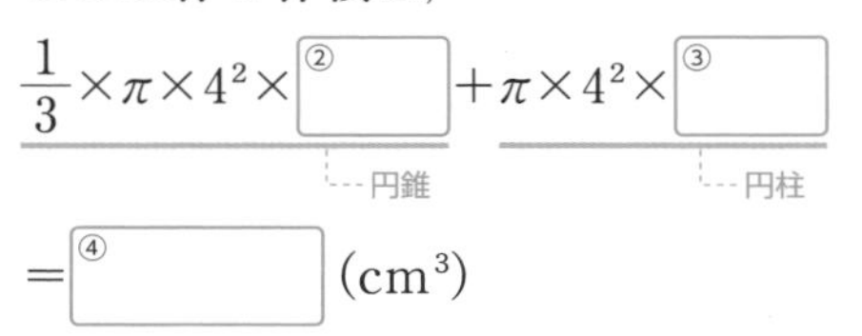

$\frac{1}{3}\times\pi\times4^2\times$ ②[　　] $+\pi\times4^2\times$ ③[　　]

$=$ ④[　　] (cm^3)

【立体の面上の最短距離(さいたんきょり)】

右の図のように，立方体にひもをかけた。ひもがもっとも短くなるときのひもの通る線を，展開図にかくと，下の⑤[　　]の図になる。

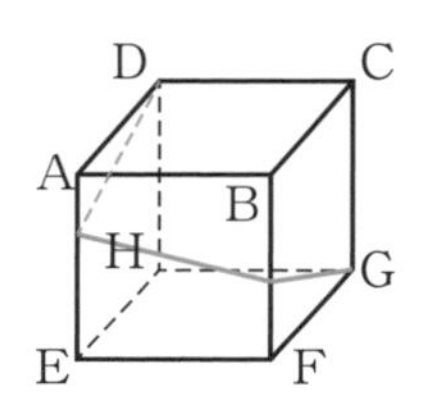

ア
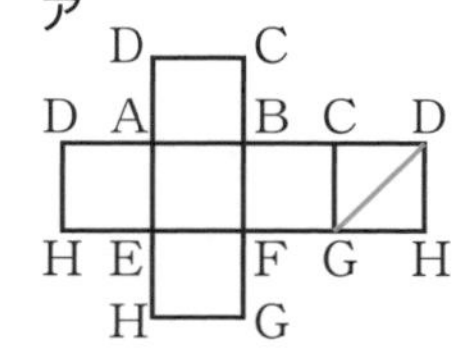

イ
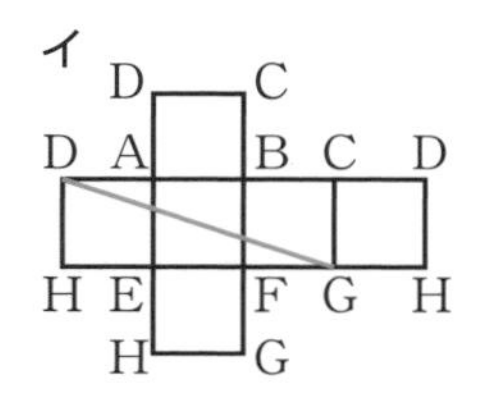

ウ
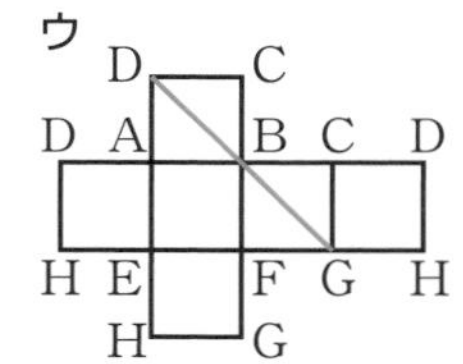

【立体の切断と体積】

右の図は，直方体から三角柱を切り取った立体である。切り取られた三角柱の体積は

$\frac{1}{2}\times5\times(7-2)\times6=$ ⑥[　　] (cm^3)

となるので，残った立体の体積は，

$7\times6\times5-$ ⑥[　　] $=$ ⑦[　　] (cm^3)

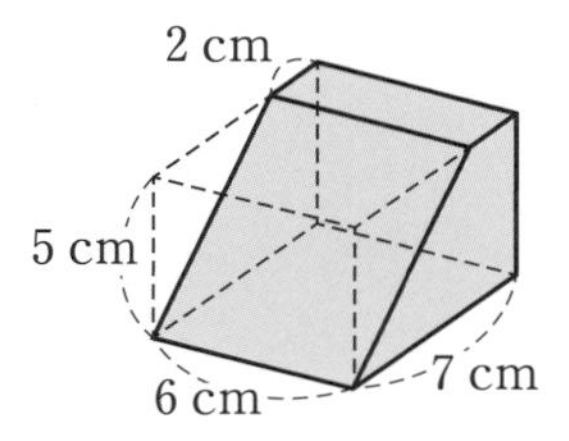

ポイント

複雑な立体の体積

直接求めるのが難しい立体の体積は，
- いくつかの部分に分ける
- 大きくつくって余分をけずる

などの方法で求める。

立体の面上の最短距離

2点間の距離は2点を結ぶ線分。左の問題のア，イ，ウはどれも線分DGを表しているが，ひもは辺AEと辺BFを通っていることに注意する。

立体の切断と体積

切断して残った立体の体積は「大きくつくって余分をけずる」方針が考えやすいが，左の問題の場合，底面が台形で高さが5 cmの四角柱とみて直接求めることもできる。

チェックの解答 ①円錐　②6　③2　④$64\pi$　⑤イ　⑥75　⑦135

トライ

解答 ➡ 別冊 p. 20

1 右の図のような，長方形と 2 つの四分円を組み合わせた図形がある。この図形を，直線 ℓ を軸として 1 回転させてできる立体の体積を求めなさい。

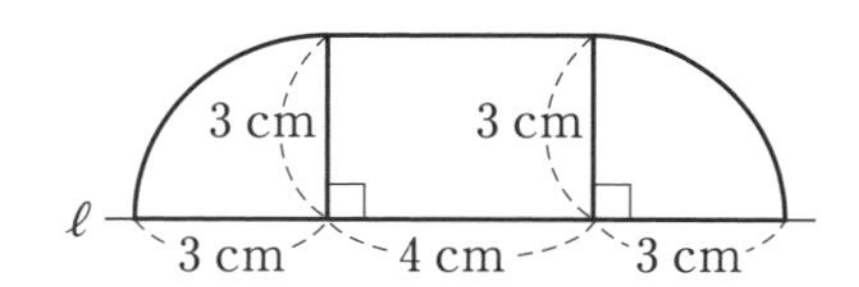

2 右の図のような直角三角形を，直線 ℓ を軸として 1 回転させてできる立体の体積を求めなさい。

3 下の図のような円錐（えんすい）において，底面上の点Aから円錐の側面を 1 周して点Aまでひもをかける。ひもがもっとも短くなるときのひもの通る線を，下の展開図にかきなさい。

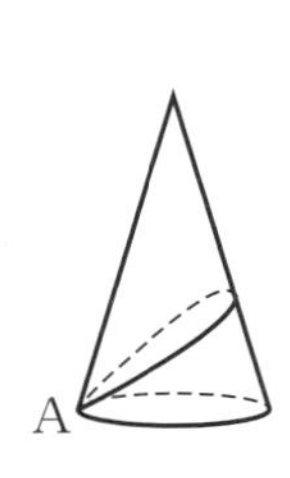

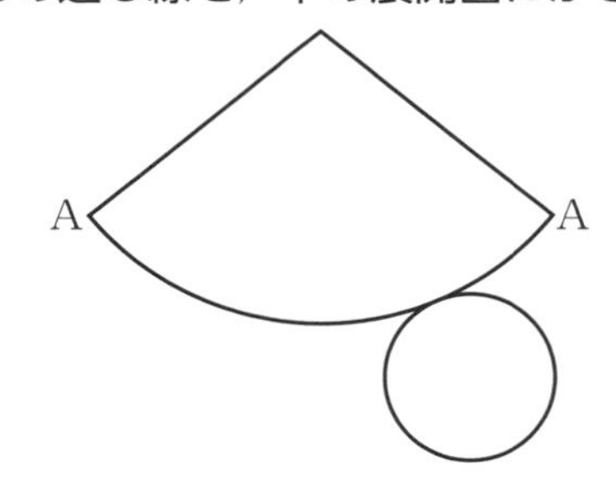

チャレンジ

解答 ➡ 別冊 p. 20

右の図は，AB＝AC＝5 cm，∠BAC＝90°，AD＝6 cm である三角柱から，4 点 B，A，C，E を頂点とする三角錐を切り取った立体である。この立体の体積を求めなさい。

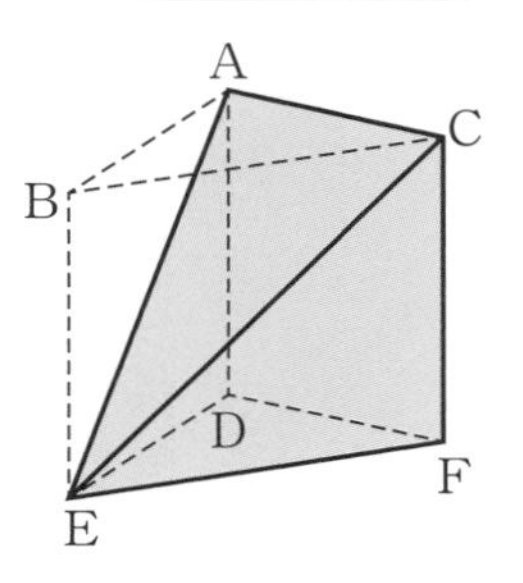

確認問題⑥

解答 ➡ 別冊 p. 20

1 空間内の異なる 3 直線 ℓ, m, n と, 異なる 3 平面 P, Q, R について, 次のことがつねに正しい場合は○を, そうでない場合は×を書きなさい。

(1) $\ell\perp m$, $m /\!/ n$ ならば, $\ell\perp n$

(2) $P\perp Q$, $Q\perp R$ ならば, $P /\!/ R$

(3) $P\perp \ell$, $Q\perp \ell$ ならば, $P /\!/ Q$

(4) $\ell\perp m$, $P /\!/ \ell$ ならば, $P\perp m$

2 右の図 2 は, 立方体の頂点を結んで 3 本の線をかき入れた図 1 を展開したものである。残りの 1 本の線を図 2 にかき入れなさい。

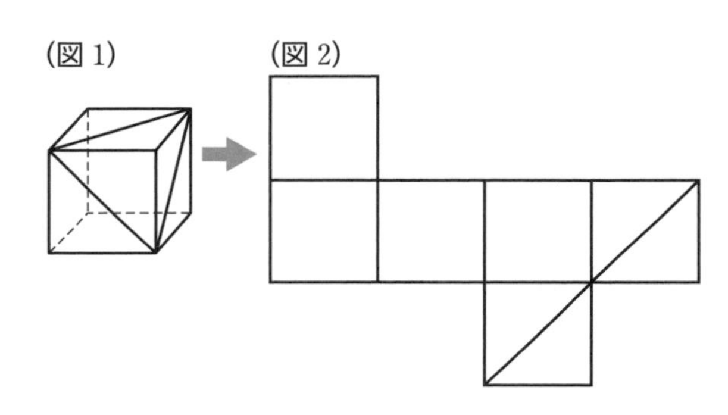

3 次の立体の体積と表面積を求めなさい。

(1) 円柱を半分に切った立体

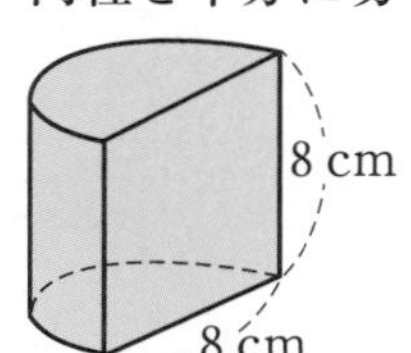

(2) 球を四等分した立体

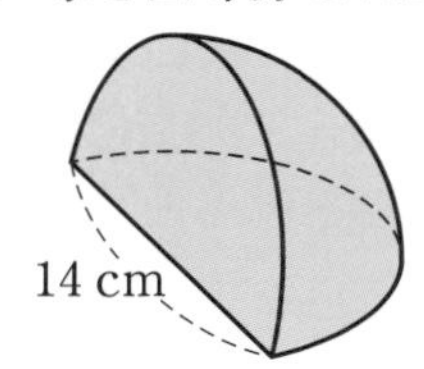

4 次の投影図で表される立体の表面積を求めなさい。

(1)

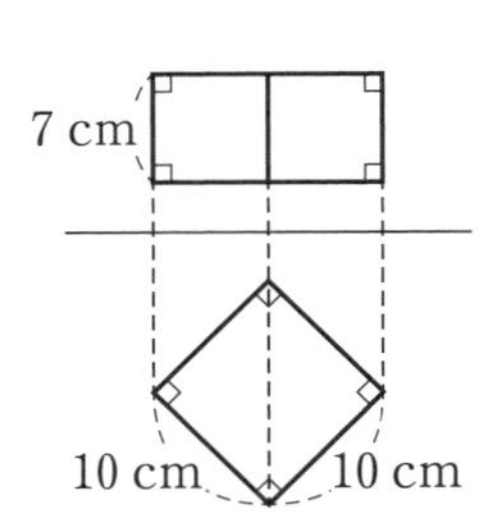

(2)

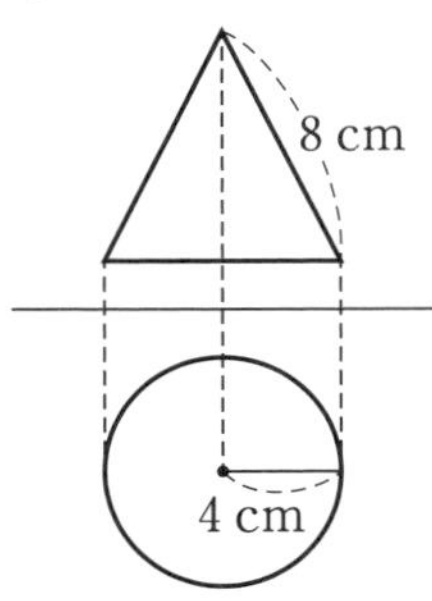

5 右の図のような台形を，直線 ℓ を軸として 1 回転させてできる立体の体積を求めなさい。

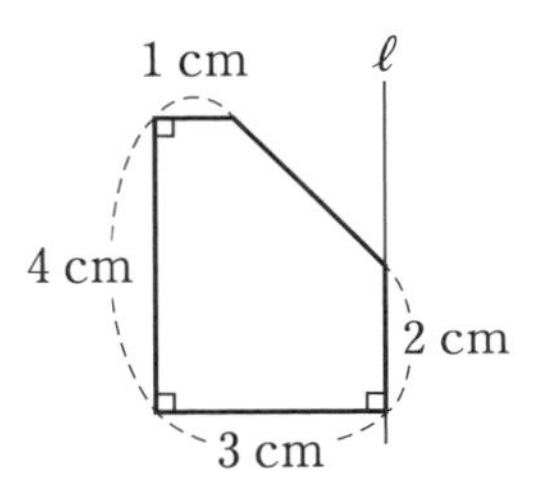

6 底面の半径が 6 cm で，高さが 15 cm の円柱形をした容器に，8 cm の高さまで水が入っている。この容器に，半径が 3 cm の鉄球を入れたとき，水面の高さは何 cm 上がるか答えなさい。

7 底面の半径がそれぞれ 5 cm，3 cm である 2 つの円錐 A，B がある。それぞれの円錐の側面の展開図を同じ平面上で重ならないようにしてあわせると，右の図のように 1 つの円ができた。このとき，円錐 A の側面積を求めなさい。

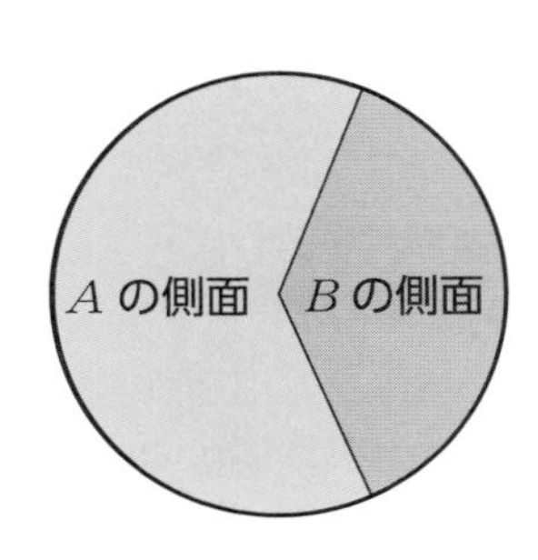

29 データの整理とその活用①

チャート式参考書 >> 第7章 22

チェック

空欄(くうらん)をうめて，要点のまとめを完成させましょう。

【代表値，範囲(はんい)】

あるクラスで行われた5点満点のテストの結果は右の表のようになった。

得点	1	2	3	4	5
度数（人）	1	6	10	12	1

得点の平均値は $(1\times1+2\times6+3\times10+4\times12+5\times1)\div$ ① □ $=3.2$（点），
（①…テストを受けた人数）

最頻値(さいひんち)は ② □ 点，中央値は ③ □ 点である。

また，得点の範囲は $5-1=$ ④ □（点）である。
（5−1…最高点と最低点の差）

【度数分布表】

右の度数分布表は，あるクラスの生徒全員がある期間に読んだ本の冊数をまとめたものである。度数がもっとも大きい階級は ⑤ □ 冊以上 ⑥ □ 冊未満の階級で，階級値は ⑦ □ 冊である。

階級（冊）	度数（人）
0以上 5未満	3
5 ～10	7
10 ～15	12
15 ～20	6
計	30

【ヒストグラムから読みとる問題】

右のヒストグラムは，あるクラスの生徒何人かが1日にテレビを見た時間をまとめたものである。調査した生徒は全部で ⑧ □ 人で，時間が3番目に長い生徒のデータは ⑨ □ 分以上 ⑩ □ 分未満の階級にふくまれる。

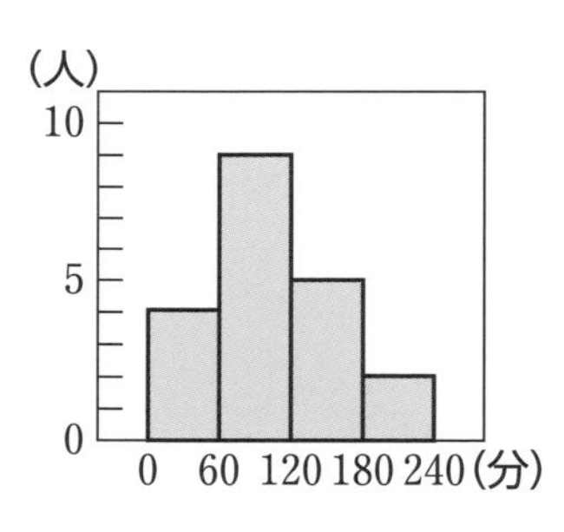

ポイント

代表値
データの散らばりのようすを分布といい，分布の特徴(とくちょう)を表す数値を代表値という。
平均値＝(データの値(あたい)の合計)÷(データの個数)
中央値…データを大きさの順に並べたときの中央の値。
最頻値…データの中でもっとも多く現れている値。

度数分布表
データを整理するための区間を階級，階級の中央の値を階級値，各階級にふくまれるデータの個数を度数という。

ヒストグラム
度数分布表を柱状グラフで表したものをヒストグラムといい，ヒストグラムの各長方形の上の辺の中点を結んでできる折れ線グラフを度数折れ線という。

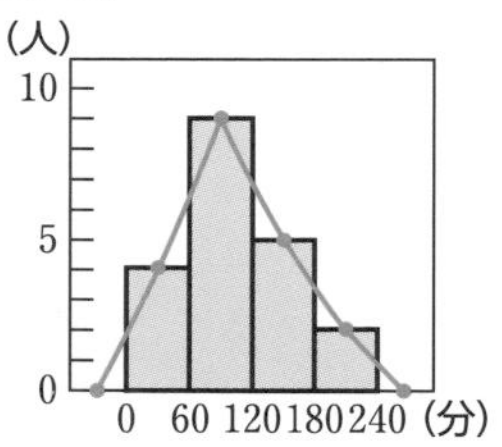

トライ

解答 ➡ 別冊 p.21

1 33人の生徒が1人5本ずつバスケットボールのフリースローを行った結果，ゴールした本数の平均値は3本であった。次のア～ウのなかから，必ずいえることをすべて選びなさい。

ア　ゴールした本数が3本だった生徒が一番多い。
イ　ゴールした本数は生徒全員あわせると99本である。
ウ　ゴールした本数が多い順に並んだとき，多い方から17番目の生徒の記録は3本である。

チェックの解答　① 30　② 4　③ 3　④ 4　⑤ 10　⑥ 15　⑦ 12.5　⑧ 20　⑨ 120　⑩ 180

2

Aくつ店では，あるスポーツシューズが 18 足売れた。次の資料は，この 18 足のくつのサイズをまとめたものである。

23.0　25.5　25.0　24.5　26.0　24.0　25.0　23.5　25.0
24.0　25.0　23.5　25.0　24.5　25.0　24.0　24.5　25.5　（単位は cm）

(1) くつのサイズの最頻値と中央値を求めなさい。

(2) Aくつ店が同じスポーツシューズを仕入れるとき，どのサイズのくつをもっとも多く仕入れるとよいと考えられるか，そのサイズを答えなさい。

3

次の資料は，ある男子生徒 20 人のハンドボール投げの記録である（単位は m）。

25　27　24　33　28　27　35　30　20　23
26　31　26　22　25　37　29　26　24　30

この資料を，階級の幅（はば）が 5 m の度数分布表にまとめなさい。ただし，階級の 1 つを 20 m 以上 25 m 未満とすること。

階級（m）	度数（人）

4

右のヒストグラムは，あるクラスの生徒 30 人の垂直とびの記録をまとめたものである。

(1) 記録が 5 番目によい生徒が入る階級を答えなさい。

(2) 記録が 45 cm 以上の生徒の人数を求めなさい。

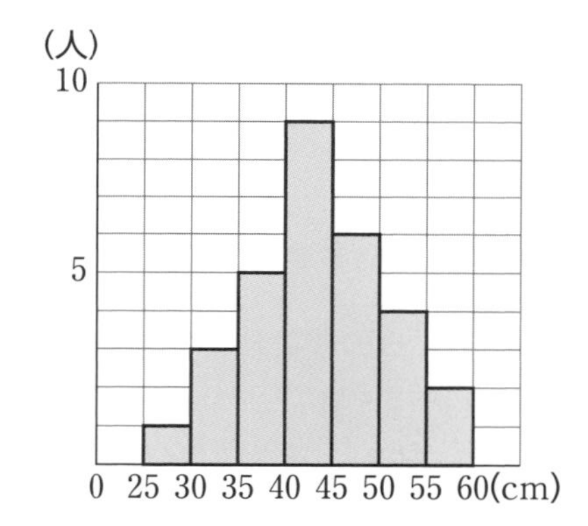

チャレンジ

解答 ⇒ 別冊 p. 21

右の表は，ある学級の生徒 30 人の通学時間を度数分布表にまとめたものである。各階級にふくまれるデータは，すべて階級値をとると考えて，通学時間の平均値を求めなさい。

まず，（階級値×度数）の合計を求めるよ。

通学時間（分）	度数（人）
0 以上～10 未満	5
10　～20	9
20　～30	8
30　～40	6
40　～50	2
計	30

30 データの整理とその活用②，確率

チャート式参考書 >> 第7章 22

チェック

空欄(くうらん)をうめて，要点のまとめを完成させましょう。

【相対度数】

階級 (km)	1年生		2年生	
	度数 (人)	相対度数	度数 (人)	相対度数
0 以上 1 未満	31	0.31	28	
1 ～2	42	0.42	43	
2 ～3	19	0.19	37	
3 ～4	8	0.08	12	ア
計	100	1.00	120	1.00

上の表は，ある中学校の1年生と2年生について，通学距離(つうがくきょり)をまとめたものである。アの値(あたい)が $\frac{12}{120}=$ ① [　　] より，通学距離が 3 km 以上 4 km 未満である生徒の割合は，② [　　] 年生の方が多いといえる。

【累積度数(るいせきどすう)】

上のデータの1年生について，累積度数を右のように表にまとめた。表より，通学距離が 3 km 未満である生徒は ③ [　　] 人であることがわかる。

階級 (km)	度数 (人)	累積度数
0 以上 1 未満	31	31
1 ～2	42	73
2 ～3	19	92
3 ～4	8	100

【ことがらの起こりやすさ】

右の表は，画びょうを投げて，針が上を向いた回数を表したものである。

投げた回数	100	300	600	1000
上を向いた回数	57	213	366	610

100回投げたとき，300回投げたとき，600回投げたとき，1000回投げたときそれぞれにおいて，針が上を向く相対度数は，順に

$\frac{57}{100}=$ ④ [　　]，$\frac{213}{300}=0.71$，$\frac{366}{600}=0.61$，$\frac{610}{1000}=0.61$ となる。

このことから，この画びょうを投げたとき針が上を向く確率は

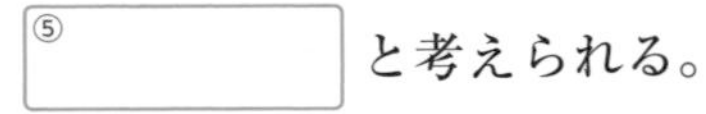

⑤ [　　] と考えられる。

相対度数

度数の合計に対する各階級の度数の割合を相対度数という。

$相対度数=\frac{その階級の度数}{度数の合計}$

相対度数の合計は1になる。

累積度数

各階級以下または各階級以上の階級の度数をたし合わせたものを累積度数という。また，度数の合計に対する各階級の累積度数の割合を累積相対度数という。

累積相対度数

$=\frac{その階級の累積度数}{度数の合計}$

確率

あることがらの起こりやすさの程度を表す数を，そのことがらの起こる確率という。

繰り返す回数が増えるほど，相対度数は同じような値に近づくよ。

チェックの解答 ① 0.1 ② 2 ③ 92 ④ 0.57 ⑤ 0.61

解答➡別冊 p. 21

1 右の表は，A中学校の生徒 80 人とB中学校の生徒 90 人について，ある休日にテレビを見た時間をまとめたものである。

(1) **ア～ウ**の値を求めなさい。

階級（分）	A中学校		B中学校	
	度数（人）	相対度数	度数（人）	相対度数
0以上30未満	4	0.05	3	0.03
30～ 60	8	0.1	15	0.17
60～ 90	20	ア	25	0.28
90～120	24	イ	22	0.24
120～150	16	0.2	11	0.12
150～180	6	0.08	8	0.09
180～210	2	0.02	6	0.07
計	80	ウ	90	1.00

(2) 右の図は，B中学校の相対度数の分布を折れ線グラフに表したものである。A中学校について，相対度数の折れ線グラフを右の図にかきなさい。

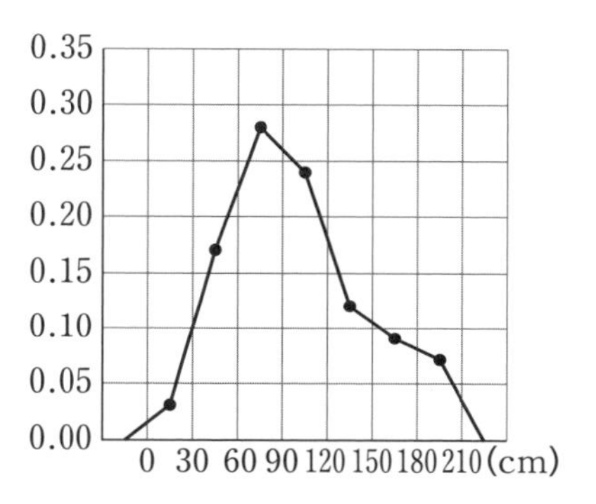

2 右の表は，1のデータのA中学校について，累積度数と累積相対度数をまとめたものである。**エ～キ**の値を求めなさい。

階級（分）	累積度数（人）	累積相対度数
0以上30未満	4	0.05
30～ 60	12	0.15
60～ 90	エ	0.40
90～120	オ	0.70
120～150	カ	キ
150～180	78	0.975
180～210	80	1.00

チャレンジ

解答➡別冊 p. 21

右の表は，中学生 40 人がレポート作成で参考にした本の冊数を累積度数分布表にまとめたものである。レポート作成で参考にした本の冊数が 3 冊以上 4 冊未満の生徒の人数を求めなさい。

階級（冊数）	累積度数（人）
1 未満	8
2	19
3	29
4	38
5	40

確認問題⑦

解答 ➡ 別冊 p. 22

1 右の表は，あるクラスの 50 m 走の記録を度数分布表にまとめたものである。

階級（秒）	度数（人）
7.0 以上～7.5 未満	1
7.5 ～8.0	3
8.0 ～8.5	6
8.5 ～9.0	9
9.0 ～9.5	2
計	21

(1) 中央値がふくまれる階級を答えなさい。

(2) 各階級にふくまれるデータは，すべて階級値をとると考えて，記録の最頻値（さいひんち）を求めなさい。

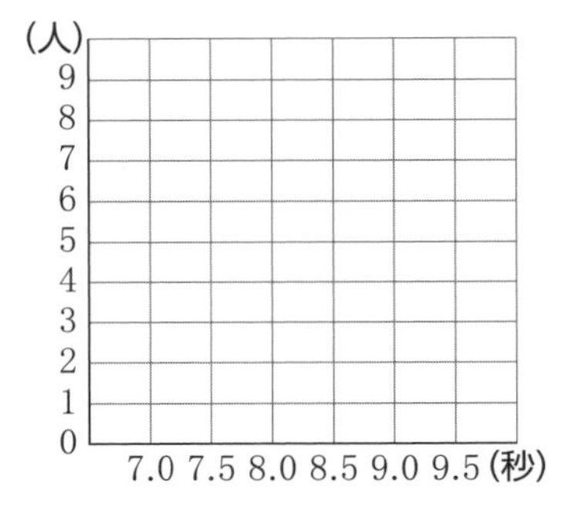

(3) 度数分布表からヒストグラムと折れ線をつくり，右の図にかきなさい。

2 ある中学校の 1 年生 60 人が○×形式のクイズ 100 問に答えた。右の表は，クイズの正解数を 1 年 1 組 30 人と 1 年全体で分けて相対度数の折れ線で表したものである。

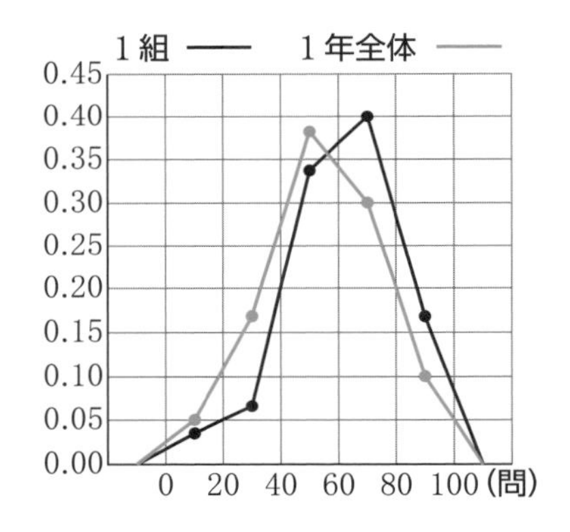

(1) 1 年全体で，80 問以上正解した生徒の人数を求めなさい。

(2) この図から読みとれることとして適切なものを，次の**ア**～**エ**からすべて選びなさい。

ア 1 組では，正解数が 40～60 問であった生徒がもっとも多い。

イ 1 組では，半数以上が 60 問以上正解している。

ウ 1 年全体では，正解数が 20 問未満であった生徒が 3 人いる。

エ 1 組だけで見たときと 1 年全体を見たときでは，1 組だけで見た方が成績が良い。

3 右の表は，ある年の 4 月におけるＡ町の 1 日の平均湿度を調べて，累積度数分布表(るいせきどすうぶんぷひょう)にまとめたものである。

階級（%）	度数（日）	累積度数（日）	累積相対度数
30 以上 40 未満	1	1	0.03
40 ～ 50	8	9	ア
50 ～ 60	6	イ	ウ
60 ～ 70	7	エ	0.73
70 ～ 80	5	27	0.90
80 ～ 90	オ	29	0.97
90 ～100	1	30	1.00
計	30		

(1) **ア～オ**の値を求めなさい。

(2) 平均湿度が 50 % 未満であった日数を求めなさい。

(3) 平均湿度が 70 % 以上であった日数の割合を小数で求めなさい。ただし，小数第 3 位を四捨五入して答えなさい。

4 右の表は，3 と同じ年の 4 月におけるＢ町の 1 日の平均湿度を調べてまとめたものである。

階級（%）	累積度数（日）
40 未満	2
50	2
60	5
70	14
80	21
90	26
100	30

(1) 平均湿度が 50 % 以上 60 % 未満であった日数を求めなさい。

(2) 平均湿度が 80 % 未満であった日数の割合を小数で求めなさい。

(3) 階級の幅を 10 % として，中央値がふくまれる階級を求めなさい。

5 右の表は，1 つのさいころを投げて，奇数(きすう)の目が出た回数を調べたものである。各回数における奇数の目が出る相対度数を求めて，小数第 3 位を四捨五入して表にかきなさい。

投げた回数	100	300	500	1000	2000
奇数の目が出た回数	54	152	246	499	1002
相対度数					

入試対策テスト

解答 ➡ 別冊 p. 22

点 / 100点

1 次の計算をしなさい。[8点×2-16点]

(1) $-4+9-(2-5)$

(2) $2\times(-3)^2+(-8)\div2$

2 次の計算をしなさい。[8点×2-16点]

(1) $4(2x-1)-5(x+1)$

(2) $\dfrac{3x-5}{2}-\dfrac{2(x-2)}{3}$

3 濃度(のうど)4％の食塩水Aがある。これについて，次の問いに答えなさい。[8点×2-16点]

(1) 500 gの食塩水Aにふくまれる食塩の重さを求めなさい。

(2) x gの食塩水Aに，濃度7％の食塩水Bを200 g加えたところ，濃度5％の食塩水ができた。xの値(あたい)を求めなさい。

4 次の図で，直線ℓ上に，2点A，Bがあるとき，AB＝AC，∠BAC＝135°の二等辺三角形ABCを1つ作図しなさい。[9点]

A　B　ℓ

5 右の図は，1辺が4 cmの立方体である。この立方体を，3点A，C，Fを通る平面で切るとき，点Dがある方の立体の体積を求めなさい。［9点］

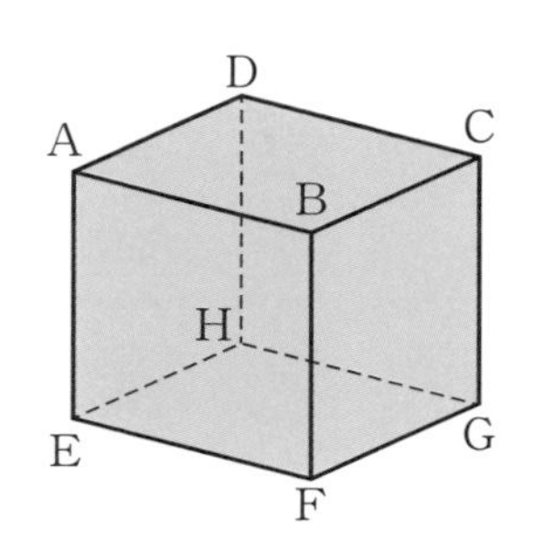

6 右の図において，①は関数 $y=ax$ のグラフで，②は関数 $y=\dfrac{b}{x}$ のグラフである。点Pは①と②の交点で，その座標は(2，4)である。［9点×2-18点］

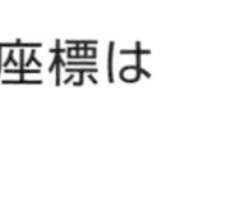

(1) a，b の値をそれぞれ求めなさい。

(2) $y=2$ のグラフと関数①，②のグラフとの交点をそれぞれQ，Rとするとき，△PQRの面積を求めなさい。ただし，座標の1目もりを1 cmとする。

7 右の表は，ある学校の1年生120人の通学距離（つうがくきょり）を相対度数分布表にまとめたものである。［8点×2-16点］

階級（km）	相対度数
0以上～1未満	0.30
1　～2	0.45
2　～3	0.20
3　～4	0.05
計	1.00

(1) 通学距離が2 km以上の生徒の人数を求めなさい。

(2) 通学距離の最頻値（さいひんち）を答えなさい。

初版
第１刷　2021年４月１日　発行
第２刷　2022年２月１日　発行
第３刷　2023年２月１日　発行
第４刷　2024年２月１日　発行

●編 者
数研出版編集部
●カバー・表紙デザイン
有限会社アーク・ビジュアル・ワークス

発行者　星野 泰也

ISBN978-4-410-15142-2

チャート式® 中学数学　１年　準拠ドリル

発行所　数研出版株式会社

〒101-0052 東京都千代田区神田小川町２丁目３番地３
〔振替〕00140-4-118431
〒604-0861 京都市中京区烏丸通竹屋町上る大倉町205番地
〔電話〕代表 (075)231-0161
ホームページ　https://www.chart.co.jp
印刷　創栄図書印刷株式会社
乱丁本・落丁本はお取り替えいたします　231204

チャート式®

中学

数学

1年

準拠ドリル

答えと解説

1 正の数と負の数

トライ ➡本冊 p.4

1 (1) -2 m 後退 (2) $+5$ 分前
(3) $+40$ g 軽い (4) $+3000$ 円の支出

2 (1) $+1>-9$ (2) $-7<-4$
(3) $-2.8>-5.7$ (4) $-3<-1<+2$

3 (1) 3.5 (2) $\frac{5}{4}$

4 (1) $+7$, -7
(2) -3, -2, -1, 0, $+1$, $+2$, $+3$

5 $-\frac{9}{2}$, -4, -2.3, $+\frac{10}{3}$, $+3.6$

解説

1 反対の意味のことばを使ってもとと同じ数量を表すには，数の符号を変える。
(2) -5 分後を「-5 分前」とすると反対の意味になるので，符号を＋に変えて「$+5$ 分前」とする。

くわしく! 反対の性質をもつ数量 ………… チャート式参考書 >>p.11

2 数直線で表すと下のようになる。

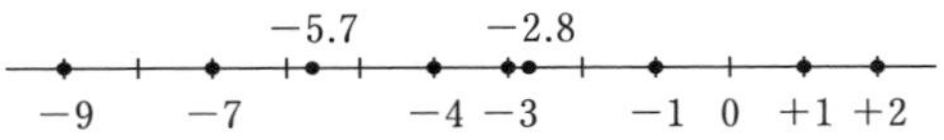

4 (2) -3.9 より大きく，$+3.9$ より小さい整数。

5 $-\frac{9}{2}=-4.5$ より，$-\frac{9}{2}$ がもっとも小さい。

チャレンジ ➡本冊 p.5

(1) $+\frac{14}{5}$ (2) -2.5 (3) -2 (4) -2.5

解説

$+\frac{7}{3}=2.3\cdots$, $-\frac{9}{4}=-2.25$, $+\frac{14}{5}=2.8$,
$-\frac{3}{2}=-1.5$ であるから，小さい順に並べると
-2.5, $-\frac{9}{4}$, -2, $-\frac{3}{2}$, -0.3, $+2$, $+\frac{7}{3}$, $+\frac{14}{5}$

(4) 絶対値がもっとも大きい数は $+\frac{14}{5}$，2番目に大きい数は -2.5

2 加法と減法

トライ ➡本冊 p.6

1 (1) $+60$ (2) -16 (3) -24 (4) -7 (5) -4
(6) -51

2 (1) -86 (2) $+30$ (3) 0 (4) -12 (5) -3.5
(6) -6.8 (7) $+\frac{1}{4}$ (8) $+\frac{22}{15}$

3 (1) -4 (2) 20 (3) -0.1 (4) -2.9 (5) $\frac{13}{12}$
(6) $-\frac{1}{4}$

解説

1 (1) 絶対値が 31 と 29 なので，$31+29$ を計算する。どちらも符号が＋なので，答えにつける符号も＋になる。$(+31)+(+29)=+(31+29)=+60$

(2) 絶対値が 62 と 46 なので，$62-46$ を計算する。-62 と $+46$ では，-62 の方が絶対値が大きいので，答えにつける符号は－になる。
$(-62)+(+46)=-(62-46)=-16$

(4) 0 との和はもとの数と等しい。

(5) 項を並びかえて，正の項と負の項を集めてそれぞれで計算するとよい。$(-14)+(+27)+(-17)$
$=(-14)+(-17)+(+27)=(-31)+(+27)=-4$

別解 左から順に計算する。
$(-14)+(+27)+(-17)=(+13)+(-17)=-4$

(6) -63 と $+63$ の和が 0 になることを利用すると，計算がらくになる。
$(-63)+(-36)+(-15)+(+63)$
$=(-63)+(+63)+(-36)+(-15)$
$=(-36)+(-15)=-(36+15)=-51$

2 (2) 負の数をひくことは，正の数をたすことと等しいので，$(+14)-(-16)=(+14)+(+16)=+30$

(4) 0 から数をひくことは，数の符号を変えることと等しい。

(6) $(-4.5)-(+2.3)=(-4.5)+(-2.3)=-6.8$

(7) $\left(+\frac{3}{4}\right)+\left(-\frac{1}{2}\right)=\left(+\frac{3}{4}\right)+\left(-\frac{2}{4}\right)$
$=+\left(\frac{3}{4}-\frac{2}{4}\right)=+\frac{1}{4}$

(8) $\left(+\frac{2}{3}\right)-\left(-\frac{4}{5}\right)=\left(+\frac{2}{3}\right)+\left(+\frac{4}{5}\right)$
$=\left(+\frac{10}{15}\right)+\left(+\frac{12}{15}\right)=+\left(\frac{10}{15}+\frac{12}{15}\right)=+\frac{22}{15}$

3 項を並べた式で表して計算する。正の項，負の項でまとめる方法や，左から順に計算する方法などがある。答えが正の数のときは符号＋は省いてよい。

(1) $4+(-3)-5=4-3-5=4-8=-4$

(2) $24+(-17)-(-31)-18=24-17+31-18$
$=24+31-17-18=55-35=20$
(3) $0.8-(-1.6)-2.5=0.8+1.6-2.5=2.4-2.5$
$=-0.1$
(4) $-3.7+4.2-(+0.8)+(-2.6)$
$=-3.7+4.2-0.8-2.6=-3.7-0.8-2.6+4.2$
$=-7.1+4.2=-2.9$
(5) $\frac{2}{3}-\left(-\frac{1}{4}\right)+\frac{1}{6}=\frac{2}{3}+\frac{1}{4}+\frac{1}{6}$
$=\frac{8}{12}+\frac{3}{12}+\frac{2}{12}=\frac{13}{12}$
(6) $-\frac{5}{6}+\frac{1}{3}-\left(-\frac{1}{2}\right)-\frac{1}{4}=-\frac{5}{6}+\frac{1}{3}+\frac{1}{2}-\frac{1}{4}$
$=-\frac{10}{12}+\frac{4}{12}+\frac{6}{12}-\frac{1}{4}=0-\frac{1}{4}=-\frac{1}{4}$

チャレンジ ➡本冊 p.7

(1) **0** (2) $-\frac{4}{15}$

解説

(1) $\frac{7}{12}-\left\{-\frac{1}{6}-\left(-\frac{3}{4}\right)\right\}=\frac{7}{12}-\left(-\frac{2}{12}+\frac{9}{12}\right)$
$=\frac{7}{12}-\frac{7}{12}=0$
(2) $\frac{2}{3}-\left\{\frac{3}{5}-\left(\frac{4}{15}-\frac{9}{15}\right)\right\}=\frac{10}{15}-\frac{9}{15}+\frac{4}{15}-\frac{9}{15}$
$=-\frac{4}{15}$

くわしく! かっこの種類……………………… チャート式参考書 >>p.25

3 乗法と除法

トライ ➡本冊 p.9

1 (1) **216** (2) **−1050** (3) **0** (4) **9** (5) **−6**
(6) **0**

2 (1) **630** (2) $-\frac{2}{5}$ (3) **−16** (4) $\frac{1}{81}$ (5) **2**
(6) **−24** (7) **56** (8) $-\frac{1}{10}$

解説

1 絶対値の積または商を計算する。答えの符号は，2数の符号が同じときは＋，異なるときは−になる。

くわしく! 正の数と負の数の積…………… チャート式参考書 >>p.29

(1) $+(18\times12)=216$
(2) $-(25\times42)=-1050$
(3) どんな数も，0 との積は 0 になる。
(4) $+(63\div7)=9$
(5) $-(84\div14)=-6$
(6) 0 をどんな数でわっても，答えは 0 になる。

2 (1) $\{(-5)\times(-2)\}\times(7\times9)=10\times63=630$
(2) $\left\{\frac{1}{25}\times(-5)\right\}\times\left\{(-8)\times\left(-\frac{1}{4}\right)\right\}=\left(-\frac{1}{5}\right)\times2$
$=-\frac{2}{5}$
(3) $-(4\times4)=-16$
(4) 負の数が偶数個なので，積の符号は＋になる。
$+\left(\frac{1}{3}\times\frac{1}{3}\times\frac{1}{3}\times\frac{1}{3}\right)=\frac{1}{81}$

くわしく! 積の符号……………………………… チャート式参考書 >>p.31

(5) $+\left(2.5\times4\times\frac{1}{5}\right)=2$
(6) $-(3\times2\times4)=-24$
(7) $+\left(6\times7\times4\times\frac{1}{3}\right)=56$
(8) $-\left(\frac{9}{10}\times\frac{2}{3}\times\frac{5}{4}\times\frac{2}{15}\right)=-\frac{1}{10}$

チャレンジ ➡本冊 p.9

(1) **−2** (2) **−10**

解説

(1) $\frac{3^2}{2^2}\times\frac{1}{3}\times\left(-\frac{2^3}{3^3}\right)\times3^2$
$=-\frac{3^2\times1\times2^3\times3^2}{2^2\times3\times3^3}=-2$
(2) $\frac{1}{4^2}\times\frac{4}{5}\times5^2\times(-2)^3=-\frac{1\times4\times5^2\times2^3}{4^2\times5}=-10$

4 いろいろな計算①

トライ ➡本冊 p.10

1 (1) **−8** (2) **12** (3) **−10** (4) **−11** (5) $-\frac{23}{8}$
(6) **3**

2 (1) **−28** (2) **−350** (3) **12** (4) **−12**
(5) **−39** (6) **−4** (7) **2** (8) **−1**

3 (1) **ア** (2) **ウ** (3) **エ**

解説

1 累乗・かっこの中→乗除→加減 の順に計算をする。
(1) $7-15=-8$
(2) $16-4=12$

(3) $3\times(-6)-(-56)\div7=-18-(-8)=-18+8$
$=-10$

(4) $(-4)\div0.5+5\times(-0.6)=-8+(-3)=-8-3$
$=-11$

(5) $-\frac{27}{8}-\frac{3}{4}\times\left(-\frac{2}{3}\right)=-\frac{27}{8}+\frac{4}{8}=-\frac{23}{8}$

(6) $12-(-2)^2\div4+(-2)^3=12-4\div4-8$
$=12-1-8=3$

2 分配法則を利用して，計算を簡単にする。

(1) $45\times\frac{4}{15}-45\times\frac{8}{9}=12-40=-28$

(2) $18\times(-7)+32\times(-7)=(18+32)\times(-7)$
$=50\times(-7)=-350$

(3) $-24\div(-2)=12$

(5) $(9+4)\times(-3)=13\times(-3)=-39$

(7) $-8+(9-49)\div(-4)=-8+(-40)\div(-4)$
$=-8+10=2$

(8) $(3-6)\div\{(-2)^2+(-1)^3\}=-3\div\{4+(-1)\}$
$=-3\div(4-1)=-3\div3=-1$

3 (1) イ たとえば，$-1-(-2)=1$
ウ (負の数)×(負の数)＝(正の数)
エ (負の数)÷(負の数)＝(正の数)

(2) ア (負の数)＋(負の数)＝(負の数)

(3) 整数どうしの加法・減法・乗法の答えはいつでも整数になるが，除法の答えは分数になる場合がある。

チャレンジ ➡本冊 p.11

(1) $\mathbf{\frac{13}{6}}$　(2) $\mathbf{\frac{23}{18}}$

解説

(1) $\left(\frac{4}{9}-\frac{9}{4}\right)\div\left(-\frac{5}{6}\right)=\left(-\frac{65}{36}\right)\times\left(-\frac{6}{5}\right)=\frac{13}{6}$

(2) $\frac{5}{3}\times\frac{4}{5}+\left(\frac{3}{4}-\frac{5}{6}\right)^2\div\left(-\frac{1}{8}\right)$
$=\frac{4}{3}+\left(-\frac{1}{12}\right)^2\times(-8)=\frac{4}{3}-\frac{8}{12\times12}$
$=\frac{4}{3}-\frac{1}{18}=\frac{24}{18}-\frac{1}{18}=\frac{23}{18}$

5 いろいろな計算②

トライ ➡本冊 p.12

1 (1) $\mathbf{2^2\times3\times11}$　(2) $\mathbf{3\times5\times7^2}$
2 **7**
3 (1) **1.5 g**　(2) **501.5 g**
4 **19.4 °C**

解説

1 (1)
```
2) 132
2)  66
3)  33
    11
```
(2)
```
3) 735
5) 245
7)  49
     7
```

2 $28=2^2\times7$
よって，7 をかけて，$2^2\times7\times7=(2\times7)^2=14^2$

3 (1) $(+1.2)+(-1.5)+(-0.8)+(-0.2)+(+2.8)$
$=1.5$ (g)

(2) $100\times5+1.5=501.5$ (g)

4 差の平均は
$\{(-2.4)+(-1.5)+(+1.8)+(+0.5)+(-1.4)\}\div5$
$=(-3)\div5=-0.6$ (°C)
よって，求める平均は $20-0.6=19.4$ (°C)

チャレンジ ➡本冊 p.13

(1) **22 点**　(2) **63 点**

解説

(1) $(+12)-(-10)=22$ (点)

(2) 数学の得点をひいた値の平均値は
$\{(+12)+0+(-10)+(+8)+(+15)\}\div5=+5$ (点)
よって，5 教科の平均は (数学の得点)＋5 であるから，数学の得点は
$60-5=55$ (点)
よって，理科の得点は
$55+8=63$ (点)

確認問題①

➡本冊 p.14

1 数直線：-5，-2.5，$-\frac{4}{3}$，$+\frac{3}{4}$，$+\frac{9}{2}$
（目盛り：-6 -5 -4 -3 -2 -1 0 $+1$ $+2$ $+3$ $+4$ $+5$ $+6$）

2 (1) **1，2**　(2) $\mathbf{-3}$

3 (1) $\mathbf{-17}$　(2) $\mathbf{-0.65}$　(3) $\mathbf{-\frac{3}{35}}$　(4) **57**　(5) **3**
(6) $\mathbf{-27}$

4 (1) **17**　(2) $\mathbf{\frac{11}{12}}$　(3) $\mathbf{-4}$　(4) $\mathbf{-36}$　(5) $\mathbf{\frac{2}{63}}$
(6) $\mathbf{-\frac{5}{24}}$

5 (1) **3.7**　(2) **40**　(3) $\mathbf{\frac{7}{12}}$　(4) **5**

6 (1) $\mathbf{2\times3\times17}$　(2) $\mathbf{2^3\times5\times13}$　(3) $\mathbf{3^2\times11^2}$

7 (1) **3**　(2) $\mathbf{35\times13}$

8 (1) **7 kg**　(2) **62 kg**

解説

2 (1) 0 は自然数にふくまれない。

3 (1) $-4+(-13)=-4-13-17$

(3) $-\dfrac{2}{7}-\left(-\dfrac{1}{5}\right)=-\dfrac{2}{7}+\dfrac{1}{5}=-\dfrac{10}{35}+\dfrac{7}{35}=-\dfrac{3}{35}$

(4) $-19\times(-3)=+(19\times3)=57$

(5) $-6\div(-2)=+(6\div2)=3$

(6) $(-3)^3=(-3)\times(-3)\times(-3)=-(3\times3\times3)=-27$

4 (3) $3-\{8-(0.75+0.25)\}=3-(8-1)=-4$

(4) $-(1.5\times3\times8)=-(12\times3)=-36$

(5) $\dfrac{6}{7}\div(-3)\times\left(-\dfrac{1}{9}\right)=\dfrac{6}{7}\times\left(-\dfrac{1}{3}\right)\times\left(-\dfrac{1}{9}\right)$

$=\dfrac{6}{7}\times\dfrac{1}{3}\times\dfrac{1}{9}=\dfrac{2}{63}$

(6) $\dfrac{3}{8}\div\dfrac{1}{4}\times\dfrac{1}{36}\div\left(-\dfrac{1}{5}\right)$

$=-\left(\dfrac{3}{8}\times4\times\dfrac{1}{36}\times5\right)=-\dfrac{5}{24}$

5 (1) $-3.7\times(1.4-2.4)=-3.7\times(-1)=3.7$

(2) $-5+\left(-\dfrac{3}{2}+3^2\right)\div\dfrac{1}{6}=-5+\left(-\dfrac{3}{2}+9\right)\times6$

$=-5+(-9+54)=-5+45=40$

(3) $\left(\dfrac{5}{21}-\dfrac{2}{9}\right)\times63-\dfrac{1}{4}\div\dfrac{3}{5}$

$=(15-14)-\dfrac{1}{4}\times\dfrac{5}{3}=1-\dfrac{5}{12}=\dfrac{7}{12}$

(4) $7\div\left\{\left(-\dfrac{3}{4}\right)^2+\dfrac{5}{16}\right\}-6\times\dfrac{1}{2}=7\div\left(\dfrac{9}{16}+\dfrac{5}{16}\right)-3$

$=7\div\dfrac{14}{16}-3=7\times\dfrac{8}{7}-3=5$

7 (1) 588 を素因数分解すると $588=2^2\times3\times7^2$

3 でわると，$2^2\times3\times7^2\div3=2^2\times7^2=14^2$

(2) 455 を素因数分解すると $455=5\times7\times13$

$5\times7=35$ より，$455=35\times13$

8 (1) $(+5)-(-2)=5+2=7$ (kg)

(2) Bの体重をひいた値の平均は

$\{(+5)+0+(-2)+(+10)+(-9)+(+8)\}\div6$

$=+2$ (kg) であるから，Bの体重は

$56-2=54$ (kg)

よって，Fの体重は $54+8=62$ (kg)

第2章 文字と式

6 文字と式

トライ ➡本冊 p.16

1 (1) $-4xy^2$ (2) $0.1b$ (3) $-\dfrac{x}{5y}$

2 (1) $a-\dfrac{b+c}{8}$ (2) $\dfrac{2(a+b)}{c+d}$

3 (1) $-3\times x\times y\times y$ (2) $b\div6\div a$

(3) $a\times(x-y)\div4$

4 (1) $(1000-5a)$ 円 (2) $\dfrac{3}{2}x$ g

(3) $(1000x-80y)$ m

5 (1) -1 (2) 11 (3) 19 (4) $\dfrac{6}{11}$

解説

1 (2) $1\times b=b$ だからといって，$0.1\times b$ を $0.b$ とするのは誤り。

(3) $x\div y\div(-5)=x\times\dfrac{1}{y}\times\left(-\dfrac{1}{5}\right)=-\dfrac{x}{5y}$

2 かっこのついた式は，1 つの文字として考える。

(1) $a+(b+c)\div(-8)=a+(b+c)\times\left(-\dfrac{1}{8}\right)$

$=a+\left(-\dfrac{b+c}{8}\right)=a-\dfrac{b+c}{8}$

(2) $(a+b)\times2\div(c+d)=(a+b)\times2\times\dfrac{1}{c+d}$

$=\dfrac{2(a+b)}{c+d}$

3 はぶかれている×を見つける。また，分数の形は÷で置き換えられる。答えは 1 つに決まらない。

(1) $x\times y\times(-3)\times y$ などとしてもよい。

(2) $\dfrac{b}{6a}=b\times\dfrac{1}{6}\times\dfrac{1}{a}=b\div6\div a$

$b\div(6\times a)$ などとしてもよい。

4 (2) $150\times\dfrac{x}{100}=\dfrac{3}{2}x$ (g)

くわしく! 食塩水の濃度……………………… チャート式参考書 >>p.206

5 負の数を代入するときは，かっこをつけると，計算ミスが少なくなる。

(2) $\dfrac{6-7a}{5}=\dfrac{6-7\times(-7)}{5}=\dfrac{55}{5}=11$

(3) $x^2+3y=(-2)^2+3\times5=4+15=19$

(4) $a-b=\dfrac{1}{3}-\left(-\dfrac{3}{2}\right)=\dfrac{2}{6}+\dfrac{9}{6}=\dfrac{11}{6}$

よって，$\dfrac{1}{a-b}=\dfrac{6}{11}$

チャレンジ ➡本冊 p.17

(1) $(6n-6)$ 個 (2) 96 個

解説

(1) 1 辺に並ぶ石が n 個のとき，6 辺では $6n$ 個。このうち，頂点に置く石 6 個は 2 回ずつ数えているので，$(6n-6)$ 個となる。

(2) (1) の式に $n=17$ を代入した値を求める。

$6n-6=6\times17-6=96$ (個)

7 文字式の計算（加減）

トライ ➡本冊 p.18

1 (1) 項：$-\frac{1}{3}x$, -5　xの係数：$-\frac{1}{3}$

(2) 項：x, $-y$, 6　xの係数：1

yの係数：-1

2 イ，エ，カ，キ，ク

3 (1) $10x$　(2) $\frac{13}{15}a$　(3) $0.6a-2$

(4) $-12x+13$

4 (1) $a+16$　(2) $5x+5$　(3) $2a-5$　(4) $2x+1$

(5) $\frac{1}{3}a+\frac{2}{3}$　(6) $-\frac{11}{12}x-3$

5 (1) 和：$6a-3$　差：$2a+7$

(2) 和：$x-6$　差：$5x-8$

解説

1 (2) $x=1\times x$, $-y=-1\times y$ とみる。

2 1次の項だけの式か，1次の項と数の和で表されている式を選ぶ。

くわしく! 1次式……………………………… チャート式参考書 >>p.61

3 (2) $\frac{5}{3}a-\frac{4}{5}a=\left(\frac{25}{15}-\frac{12}{15}\right)a=\frac{13}{15}a$

(3) $0.5a-2+0.1a=(0.5+0.1)a-2=0.6a-2$

(4) $2x+12-14x+1=(2-14)x+(12+1)=-12x+13$

4 $+(\quad)$→そのままかっこをはずす。

$-(\quad)$→項の符号を変えてかっこをはずす。

(1) $(2a+7)+(-a+9)$

$=2a+7-a+9=2a-a+7+9=a+16$

(3) $(6a+3)-(4a+8)$

$=6a+3-4a-8=6a-4a+3-8=2a-5$

(5) $\left(a-\frac{1}{3}\right)+\left(-\frac{2}{3}a+1\right)=a-\frac{2}{3}a-\frac{1}{3}+1$

$=\frac{3}{3}a-\frac{2}{3}a-\frac{1}{3}+\frac{3}{3}=\frac{1}{3}a+\frac{2}{3}$

(6) $\left(-\frac{1}{6}x-4\right)-\left(\frac{3}{4}x-1\right)=-\frac{1}{6}x-\frac{3}{4}x-4+1$

$=-\frac{2}{12}x-\frac{9}{12}x-4+1=-\frac{11}{12}x-3$

5 かっこをつけて式を立てると，計算ミスが少なくなる。

(2) 和：$(3x-7)+(-2x+1)=3x-7-2x+1$

$=3x-2x-7+1=x-6$

差：$(3x-7)-(-2x+1)=3x-7+2x-1$

$=3x+2x-7-1=5x-8$

チャレンジ ➡本冊 p.19

$-6x+4$

解説

$(7-4x)-(2x+3)=-4x-2x+7-3=-6x+4$

8 文字式の計算（乗除）

トライ ➡本冊 p.20

1 (1) $8a$　(2) $\frac{1}{3}x$　(3) $\frac{1}{8}a$

2 (1) $8a-6$　(2) $-15x-30$　(3) $-x-3$

(4) $-3a-21$　(5) $24y+9$　(6) $-6x+18$

(7) $-12b-6$　(8) $12a-15$

3 (1) $8a-10$　(2) $-3x-1$　(3) $6b+5$

(4) $12y-8$　(5) $2x+16$　(6) $8a-6$

解説

1 係数と数の計算結果に文字をつける。

(3) $\frac{1}{3}a\div\frac{8}{3}=\frac{1}{3}a\times\frac{3}{8}=\frac{1}{8}a$

2 (1) $2(4a-3)=2\times4a+2\times(-3)=8a-6$

(4) $(-a-7)\div\frac{1}{3}=(-a-7)\times3=-3a-21$

(5) $\frac{8y+3}{2}\times6=(8y+3)\times3=24y+9$

(6) $\frac{3x-9}{7}\times(-14)=(3x-9)\times(-2)=-6x+18$

(8) $-27\times\frac{-4a+5}{9}=-3\times(-4a+5)=12a-15$

3 (3) $-(2b-1)+2(4b+2)=-2b+1+8b+4$

$=6b+5$

(5) $5(x+3)-\frac{1}{3}(9x-3)=5x+15-3x+1=2x+16$

(6) $-\frac{3}{8}(-16a+8)+\frac{1}{4}(8a-12)=6a-3+2a-3$

$=8a-6$

チャレンジ ➡本冊 p.21

(1) $\left(\frac{4}{3}-a\right)$ 時間　(2) $(a+4)$ km

解説

(1) 80 分$=\frac{4}{3}$時間になおす。

別解 1 時間＝60 分になおすと，$(80-60a)$ 分

(2) 時速 4 km で歩いた道のりは $4a$ km

時速 3 km で歩いた道のりは $3\left(\frac{4}{3}-a\right)$ km

$4a+3\left(\frac{4}{3}-a\right)=4a+4-3a=a+4$ (km)

9 文字式の利用

トライ ➡本冊 p.22

1 (1) $\frac{3}{4}a-\frac{1}{4}$ (2) $\frac{5}{6}a-1$

2 (1) $\frac{3}{2}x+\frac{3}{8}$ (2) $-\frac{1}{12}x+\frac{1}{6}$

(3) $-\frac{13}{6}x+\frac{11}{3}$ (4) $\frac{4}{15}x-\frac{16}{15}$

(5) $-\frac{9}{14}x-\frac{3}{14}$ (6) $-\frac{1}{6}x+1$

3 (1) $S=ab$ (2) $y=2000-60x$

4 (1) $4a+3b<1700$ (2) $\frac{x}{25}+\frac{y}{8}\geqq 2$

解説

1 (分数)×(1 次式) の形にする方法と，通分して 1 つの分数にまとめる方法がある。

(2) $\frac{a}{6}+\frac{2a-3}{3}=\frac{1}{6}a+\frac{1}{3}(2a-3)$

$=\frac{1}{6}a+\frac{2}{3}a-1=\frac{5}{6}a-1$

別解 $\frac{a}{6}+\frac{2a-3}{3}=\frac{a+4a-6}{6}=\frac{5a-6}{6}$

2 (1) $\frac{2x+5}{8}+\frac{5x-1}{4}=\frac{1}{8}(2x+5)+\frac{1}{4}(5x-1)$

$=\frac{1}{4}x+\frac{5}{8}+\frac{5}{4}x-\frac{1}{4}=\frac{3}{2}x+\frac{3}{8}$

別解 $\frac{2x+5}{8}+\frac{5x-1}{4}=\frac{2x+5+2(5x-1)}{8}$

$=\frac{2x+5+10x-2}{8}=\frac{12x+3}{8}$

※以降，(分数)×(1 次式) の形にする方法をとる。

(3) $\frac{5-2x}{3}+\frac{4-3x}{2}=\frac{1}{3}(5-2x)+\frac{1}{2}(4-3x)$

$=\frac{10}{6}-\frac{4}{6}x+\frac{12}{6}-\frac{9}{6}x=-\frac{13}{6}x+\frac{11}{3}$

(4) $\frac{3x-2}{5}-\frac{x+2}{3}=\frac{1}{5}(3x-2)-\frac{1}{3}(x+2)$

$=\frac{9}{15}x-\frac{6}{15}-\frac{5}{15}x-\frac{10}{15}=\frac{4}{15}x-\frac{16}{15}$

(5) $\frac{-x-5}{7}-\frac{x-1}{2}=\frac{1}{7}(-x-5)-\frac{1}{2}(x-1)$

$=-\frac{2}{14}x-\frac{10}{14}-\frac{7}{14}x+\frac{7}{14}=-\frac{9}{14}x-\frac{3}{14}$

3 (2) (残りの道のり)＝2000－(歩いた道のり)

別解 (歩いた道のり)＋(残りの道のり)＝2000 と考えて，$60x+y=2000$ としてもよい。

4 (2)「以上」なので，不等号は≧，あるいは≦を使う。

くわしく！ 不等号……………… チャート式参考書 >>p.71

チャレンジ ➡本冊 p.23

(1) 表面積は 50 cm^2 である。

(2) 体積は 24 cm^3 以下である。

解説

(1) ab は底面積，bc，ac はそれぞれ側面の長方形の面積を表している。

確認問題②

➡本冊 p.24

1 (1) $(3a-2)$ 枚 (2) $100a+10b+2$

(3) $\frac{1}{2}ah$ cm^2

2 イ，ウ

3 (1) 2 (2) -9

4 (1) $4a-1$ (2) $7a-4$ (3) $6x+13$

(4) $\frac{1}{3}x+1$ (5) $-14a-77$ (6) $18a+6$

(7) $-4x-14$ (8) $-\frac{1}{2}x+\frac{3}{2}$

5 (1) $17a-29$ (2) $-18x+5$

(3) $\frac{13}{6}a+\frac{25}{12}$ (4) $8x-2$

6 (1) $x+3$ (2) $-7x-5$

7 (1) $\frac{3x+4y}{7}>2$ (2) $200-4a\geqq b$

(3) $2x+y=18$ (4) $m=7q+r$

8 (1) 3 cm^2 (2) $(3n+1)$ cm^2

解説

2 ア $2\times a\times\left(-\frac{1}{b}\right)\div a=-\frac{2a}{ab}$

エ $a\div\frac{1}{b}\div\left(-\frac{1}{2a}\right)=-2a^2b$

3 負の数を代入するときはかっこをつける。

(1) $a+8-a^2=(-2)+8-(-2)^2=-2+8-4=2$

(2) $\dfrac{4}{x}-2y^2+1=4\div\dfrac{1}{2}-2\times3^2+1=-9$

4 (3) $(5x+3)-(-x-10)=5x+3+x+10=6x+13$

(4) $\left(\dfrac{5}{6}x+\dfrac{4}{5}\right)-\left(\dfrac{1}{2}x-\dfrac{1}{5}\right)=\dfrac{5}{6}x+\dfrac{4}{5}-\dfrac{1}{2}x+\dfrac{1}{5}$

$=\dfrac{5}{6}x-\dfrac{3}{6}x+\dfrac{4}{5}+\dfrac{1}{5}=\dfrac{1}{3}x+1$

(6) $(3a+1)\div\dfrac{1}{6}=(3a+1)\times6=18a+6$

(7) $\dfrac{2x+7}{5}\times(-10)=(2x+7)\times(-2)=-4x-14$

(8) $\dfrac{2}{3}\times\dfrac{-3x+9}{4}=\dfrac{2}{3\times4}\times(-3x+9)$

$=\dfrac{1}{6}\times(-3x)+\dfrac{1}{6}\times9=-\dfrac{1}{2}x+\dfrac{3}{2}$

5 (2) $\dfrac{3}{2}(2x+8)-7(3x+1)=3x+12-21x-7$

$=-18x+5$

(4) $20\left(\dfrac{x+2}{5}-\dfrac{-2x+5}{10}\right)=20\left(\dfrac{1}{5}x+\dfrac{4}{10}+\dfrac{1}{5}x-\dfrac{5}{10}\right)$

$=20\left(\dfrac{2}{5}x-\dfrac{1}{10}\right)=8x-2$

6 (1) $(3x+1)-2(x-1)=3x+1-2x+2$

$=(3-2)x+1+2=x+3$

(2) まず，式を簡単にする。

$3A+2(B-3A)=3A+2B-6A=-3A+2B$

$A=3x+1$，$B=x-1$ を代入して

$-3(3x+1)+2(x-1)=-9x-3+2x-2$

$=(-9+2)x-3-2=-7x-5$

7 (1) 荷物はあわせて 7 個あるので，平均の重さは，重さの合計 $(3x+4y)$ kg を 7 でわった値になる。

(3) $\dfrac{x}{100}\times200+\dfrac{y}{100}\times100=18$ より，$2x+y=18$

8 (1) 1 枚の面積は，$2\times2=4$ (cm²)

重なる部分の面積は，$1\times1=1$ (cm²)

よって，1 枚増えると，図形の面積は

$4-1=3$ (cm²) 増える。

(2) 3 cm² の部分 n 枚に，1 cm² の正方形 1 枚をあわせた図形と考えると，$3\times n+1=3n+1$ (cm²)

第3章 1次方程式

10 1次方程式①

トライ ➡本冊 p.26

1 イ，エ

2 (1) $x=-4$ (2) $x=-2$

3 (1) $x=5$ (2) $x=4$ (3) $x=-5$ (4) $x=-1$

(5) $x=7$ (6) $x=-1$

4 (1) $x=\dfrac{3}{2}$ (2) $x=-1$ (3) $x=-2$

(4) $x=23$

解説

1 ア (左辺)$=2\times(-2)=-4$，(右辺)$=4$

ウ (左辺)$=-2+3=1$，

(右辺)$=2\times(-2)+1=-3$

2 (1) $x+3=-1$ 両辺から 3 をひいて，

$x+3-3=-1-3$ $x=-4$

くわしく！ 等式の性質 チャート式参考書 ≫p.76

3 (1) $2x-3=7$

$2x=7+3$

$2x=10$

$x=5$

(3) $7x+5=4x-10$

$7x-4x=-10-5$

$3x=-15$

$x=-5$

(4) $x-1=3x+1$

$x-3x=1+1$

$-2x=2$

$x=-1$

(6) $x-6=8x+1$

$x-8x=1+6$

$-7x=7$

$x=-1$

4 かっこをはずして解く。

(1) $5x-7(-x+2)=4$

$5x+7x-14=4$

$5x+7x=4+14$

$12x=18$

$x=\dfrac{3}{2}$

(2) $2(x+1)+3(x+2)=3$

$2x+2+3x+6=3$

$5x=-5$

$x=-1$

(4) $3(x-3)-4(2x-1)=6(-x+3)$

$3x-9-8x+4=-6x+18$

$x=23$

チャレンジ ➡本冊 p.27

3

解説

$8x-3=11x-7$

$8x-11x=-7+3$

$-3x=-4$

$x=\dfrac{4}{3}$ よって，$a=\dfrac{4}{3}$

$3a-1=3\times\dfrac{4}{3}-1=4-1=3$

11 1次方程式②

トライ ➡本冊 p.28

1 (1) $x=-2$　(2) $x=-1$
2 (1) $x=-5$　(2) $x=2$　(3) $x=4$　(4) $x=-2$
3 $a=10$
4 (1) $x=4$　(2) $x=12$

解説

1 両辺に10や100をかけて，xの係数を整数にする。
(1) $0.2x+1=-x-1.4$
両辺に10をかけて，$2x+10=-10x-14$
$12x=-24$　　$x=-2$
(2) $0.06x+0.04=0.1x+0.08$
両辺に100をかけて，$6x+4=10x+8$
$-4x=4$　　$x=-1$
2 分母の最小公倍数をかけて，分母をはらう。
(1) $\frac{3}{10}x-\frac{3}{2}=\frac{4}{5}x+1$
両辺に10をかけて，$3x-15=8x+10$
$-5x=25$　　$x=-5$
(3) $\frac{2x+1}{3}=\frac{1}{2}x+1$
両辺に6をかけて，$4x+2=3x+6$　　$x=4$
(4) $\frac{x-2}{4}+\frac{2-5x}{6}=1$
両辺に12をかけて，$3x-6+4-10x=12$
$-7x=14$　　$x=-2$
3 方程式のxに3を代入すると，
$4\times3-a=3-1$　　$-a=-10$　　$a=10$
4 (1) 比の値が等しいことから，
$\frac{3}{2}x\div8=3\div4$　　$\frac{3}{16}x=\frac{3}{4}$　　$x=4$
(2) 外項(がいこう)の積と内項の積が等しいことから，
$2(x-2)\times4=5(x+4)$　　$8x-16=5x+20$
$3x=36$　　$x=12$

くわしく！ 比例式 ………… チャート式参考書 ≫p.85

チャレンジ ➡本冊 p.29

$a=\frac{1}{2}$

解説

方程式のxに1を代入すると
$\frac{1+a}{3}=2-3a$　　$1+a=3(2-3a)$
$1+a=6-9a$　　$10a=5$　　$a=\frac{1}{2}$

12 1次方程式の利用①

トライ ➡本冊 p.31

1 (1) $x-1$，x，$x+1$　(2) 35，36，37
2 大人8人，子ども12人
3 8か月後
4 32人

解説

1 (2) $(x-1)+x+(x+1)=108$　　$3x=108$　　$x=36$
真ん中の数を36とすると，3つの連続した整数の和は$35+36+37$で，たしかに108となり，問題に適する。よって求める自然数は35，36，37である。

くわしく！ 整数の問題 ………… チャート式参考書 ≫p.88

2 大人の人数をx人とすると，子どもの人数は$(20-x)$人となる。おかしの個数についての方程式をつくると，$2x+3(20-x)=52$
$2x+60-3x=52$　　$-x=-8$　　$x=8$
大人が8人とすると，子どもは$20-8=12$(人)となり，問題に適する。
3 xか月後に兄の貯金が弟の$\frac{3}{2}$倍になるとして，兄弟の貯金額についての方程式をつくると，
$4400+200x=\frac{3}{2}(2400+200x)$
$8800+400x=3(2400+200x)$
$44+2x=36+3x$　　$x=8$
8か月後，たしかに兄の貯金が弟の$\frac{3}{2}$倍になるので，問題に適する。
4 生徒の人数をx人として，折り紙の枚数についての方程式をつくると，$6x+18=7x-14$　　$x=32$
生徒が32人とすると，折り紙は
$6\times32+18=210$(枚)となり，問題に適する。

チャレンジ ➡本冊 p.31

8，6

解説

もとの2つの自然数を$4x$，$3x$として比例式をつくると，$(4x-2):(3x+10)=3:8$
$8(4x-2)=3(3x+10)$　　$32x-16=9x+30$
$23x=46$　　$x=2$
このとき，$4x=4\times2=8$，$3x=3\times2=6$より，2つの自然数は8と6になる。
$(8-2):(6+10)=6:16=3:8$となり，問題に適する。

13 1次方程式の利用②

トライ ➡本冊 p.32

1 24 km

2 時刻：8時20分　道のり：1200 m

3 (1) 6分後　(2) 30分後

解説

1 A地からB地までの道のりを x km として，かかった時間についての方程式をつくると，

$\frac{x}{40}+\frac{x}{60}=1$　　$3x+2x=120$　　$x=24$

24 km は，問題に適する。

2 弟が出発して x 分後に学校に着いたとして，2人が歩いた道のりについての方程式をつくると，

$60x=80(x-5)$　　$60x=80x-400$

$-20x=-400$　　$x=20$

8時20分に2人同時に学校に着いたとすると，家から学校までの道のりは，$60\times20=1200$ (m)

これは問題に適している。

3 (1) x 分後に初めて出会うとして，2人が出会うまでに歩く道のりについての方程式をつくると，

$4\times\frac{x}{60}+6\times\frac{x}{60}=1$　　$2x+3x=30$　　$x=6$

6分後は，問題に適する。

くわしく！ 速さの問題 ……………………… チャート式参考書 ≫p.93

(2) x 分後BさんがAさんを1周追いぬくとして，それまでに2人が歩く道のりについての方程式をつくると，

$6\times\frac{x}{60}=4\times\frac{x}{60}+1$　　$3x=2x+30$　　$x=30$

30分後は，問題に適する。

チャレンジ ➡本冊 p.33

5 km

解説

1時間45分 $=\frac{7}{4}$ 時間

P地からB地までの道のりを x km とすると，A地からP地までの道のりは $(8-x)$ km となる。

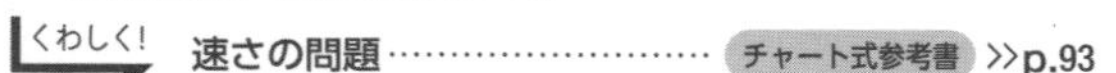

$\frac{(8-x)}{4}+\frac{x}{5}=\frac{7}{4}$　　これを解いて，$x=5$

5 km は，問題に適する。

確認問題③ ➡本冊 p.34

1 (1) $x=2$　(2) $x=-\frac{5}{2}$　(3) $x=-5$

(4) $x=-\frac{2}{7}$　(5) $x=-7$　(6) $x=2$

(7) $x=17$　(8) $x=-13$

2 (1) $a=4$　(2) $a=-1$

3 (1) $x=6$　(2) $x=3$

4 5

5 鉛筆11本，ボールペン5本

6 12才

7 96ページ

8 6分後

解説

1 (2) $-3x+7=2-5x$　　$-3x+5x=2-7$

$2x=-5$　　$x=-\frac{5}{2}$

(4) $3x-2\{3x+1-5(x+1)\}=6$

$3x-2(3x+1-5x-5)=6$

$3x-6x-2+10x+10=6$

$3x-6x+10x=6+2-10$　　$7x=-2$　　$x=-\frac{2}{7}$

(7) $\frac{7-3x}{4}=-\frac{3x+4}{5}$

両辺に20をかけて，$5(7-3x)=-4(3x+4)$

$35-15x=-12x-16$　　$-3x=-51$　　$x=17$

(8) $\frac{x+3}{2}-\frac{2x-1}{3}=\frac{-x+3}{4}$

両辺に12をかけて，

$6(x+3)-4(2x-1)=3(-x+3)$

$6x+18-8x+4=-3x+9$

$6x-8x+3x=9-18-4$　　$x=-13$

2 方程式の x に解を代入する。

(1) $2\times3+7=3\times3+a$　　$a=4$

(2) $3a\times(-2)=-2+8$　　$a=-1$

3 (2) $(3x-1)\times1=4\times2$　　$x=3$

4 ある数を x とすると，$3x+6=5x-4$

これを解いて，$x=5$

これは，問題に適する。

5 鉛筆の本数を x 本とすると，ボールペンの本数は $(16-x)$ 本となる。代金についての方程式をつくると，$60x+120(16-x)=1260$

これを解いて，$x=11$

鉛筆が11本のとき，ボールペンは $16-11=5$ (本) となり，問題に適する。

6 現在の子どもの年齢を x 才とすると，現在の母の年

齢は $(59-x)$ 才である。2 人の 5 年前の年齢はそれぞれ $(x-5)$ 才，$59-x-5=54-x$ (才) であり，方程式をつくると，$6(x-5)=54-x$
これを解いて，$x=12$
12 才は，問題に適する。

7 全部で x ページあるとすると，読んだページ数は，
1 日目が $\frac{3}{8}x$ ページ，2 日目が
$\left(1-\frac{3}{8}\right)x\times\frac{2}{5}=\frac{1}{4}x$ (ページ)
読んだページ数についての方程式をつくると，
$\frac{3}{8}x+\frac{1}{4}x+12=\left(1-\frac{1}{4}\right)x$
これを解いて，$x=96$
よって，全部で 96 ページ。問題に適する。

8 x 分後に出会うとすると，次の図のようになる。

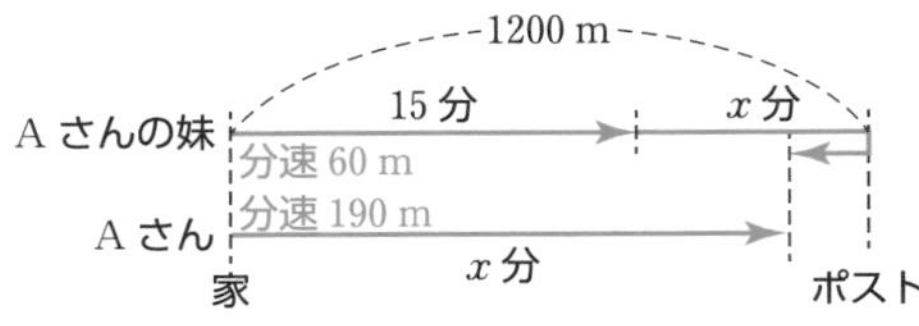

道のりについての方程式をつくると，
$60(15+x)+190x=1200\times2$
$250x=1500$　　$x=6$
6 分後は，問題に適する。

第 4 章　比例と反比例

14 比例

トライ ➡本冊 p.36

1 ア，イ，エ

2 (1) $y=8x$　(2) $0\leqq x\leqq6$

(3)

x	0	2	4	6
y	0	16	32	48

3 式：$y=5x$　比例定数：5

4 (1) $y=-2x$　(2) $x=6$

解説

1 ア 式で表すと $y=1000-80x$ となり，x の値を 1 つに決めると y の値も 1 つに決まる。
ウ 自然数 2 の倍数は 2，4，6，8，…… と，x の値を 1 つ決めても y の値は 1 つに決まらない。
エ 自然数 6 の正の約数は，1，2，3，6 の 4 個。
自然数 7 の正の約数は，1，7 の 2 個。
x の値を 1 つに決めると y の値も 1 つに決まる。

2 (2) x は時間なので 0 以上である。また，水そうがいっぱいになるまでの時間は $48\div8=6$ (分) である。

くわしく！ 変域を不等式で表す ………… チャート式参考書 ≫p.100

(3) $x=2$ のとき，$y=8\times2=16$
$y=32$ のとき，$32=8x$　　$x=4$
$y=48$ のとき，$48=8x$　　$x=6$

3 $y=\frac{1}{2}\times x\times10=5x$

4 (1) $y=ax$ とおくと，$-6=3a$　　$a=-2$
別解 $a=\frac{y}{x}$ より，$a=\frac{-6}{3}=-2$
(2) $y=-2x$ に $y=-12$ を代入して，
$-12=-2x$　　$x=6$

チャレンジ ➡本冊 p.37

(1) $\frac{1}{6}$　(2) $y\geqq5$

解説

(1) 横の長さは $2y$ cm なので，$2(y+2y)=x$
$6y=x$　　$y=\frac{1}{6}x$

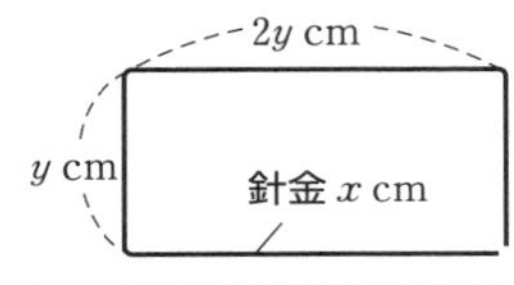

(2) $x\geqq30$ のとき，対応する x と y の値の表は次のようになる。

x	30	36	42	48	…
y	5	6	7	8	…

15 座標，比例のグラフ

トライ ➡本冊 p.38

1 A(1，2)，
B(−3，1)
C(3，−4)，
D(−2，−2)

2 (1) (6，2)
(2) (5，3)

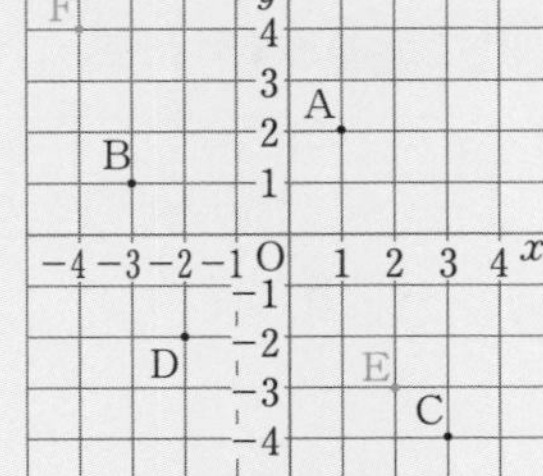

3 右図

4 (1) $y=\frac{1}{3}x$
(2) $x=9$

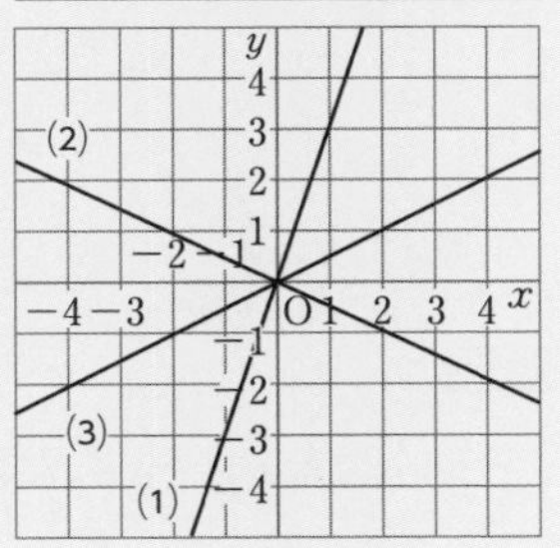

解説

2 (1) x 軸を折り目としておるとぴったり重なる位置にある点を考える。

くわしく! 対称な点の座標……………… チャート式参考書 >>p.107

(2) x 座標は $6-1=5$, y 座標は $-2+5=3$ となる。

3 原点と，原点以外の通る 1 点を直線で結ぶ。x 座標，y 座標がともに整数である点がよい。

(2) 原点のほかは $(2,\ -1)$，$(-4,\ 2)$ などを通る。

(3) 原点 $(0,\ 0)$ を基準に考える。x が 4 増加すると，y が 2 増加するとき，グラフは点 $(4,\ 2)$ を通る。

4 (1) $y=ax$ に $(3,\ 1)$ を代入して a を求める。

別解 $a=\frac{y}{x}$ より，$a=\frac{1}{3}$

チャレンジ ➡本冊 p.39

19

解説

点 $(5,\ 4)$，$(5,\ -1)$，$(-3,\ 4)$，$(-3,\ -1)$ を頂点とする長方形の面積から，3 つの直角三角形の面積をひいて求める。

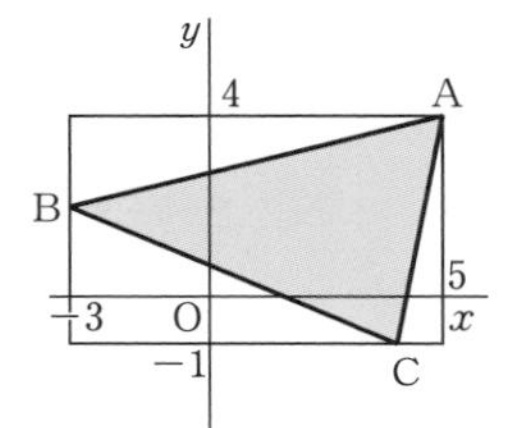

$5\times8-\frac{1}{2}\times8\times2$

$-\frac{1}{2}\times7\times3-\frac{1}{2}\times1\times5=19$

16 反比例とそのグラフ

トライ ➡本冊 p.40

1

x	…	-6	-3	-1	0	1	3	6	…
y	…	-2	-4	-12	×	12	4	2	…

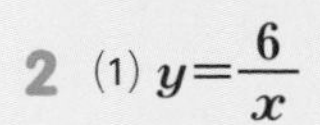

2 (1) $\boldsymbol{y=\frac{6}{x}}$

(2) $\boldsymbol{y=-2}$

(3) 右図

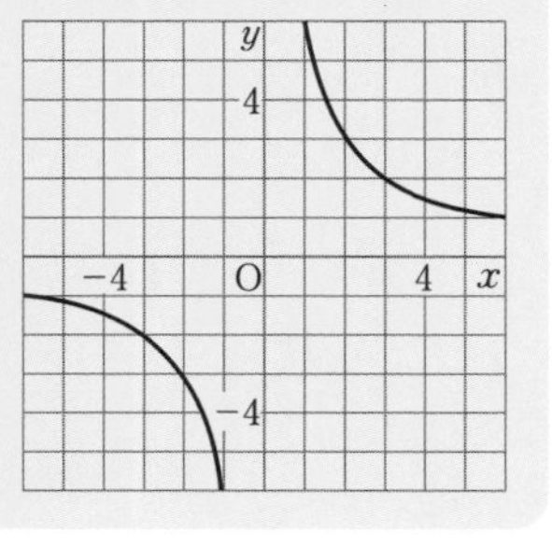

3 (1) $\boldsymbol{x=-12}$

(2) $\boldsymbol{a=6}$

(3) $\boldsymbol{1\leqq y\leqq3}$

解説

2 (1) $2\times3=6$ より，$y=\frac{6}{x}$

3 (1) 比例定数は $6\times4=24$ で一定なので，$y=-2$ のとき，$x\times(-2)=24$ $\quad x=-12$

(2) $(-3,\ 4)$ を通るので，比例定数は $-3\times4=-12$
$(a,\ -2)$ を通るので，$a\times(-2)=-12$ $\quad a=6$

(3) $x=-6$ のとき，$y=-\frac{6}{-6}=1$

$x=-2$ のとき，$y=-\frac{6}{-2}=3$

よって，$1\leqq y\leqq3$

チャレンジ ➡本冊 p.41

$\boldsymbol{a=6,\ b=\frac{3}{2}}$

解説

x の変域が正（4 以上）のとき，y の変域も正 $\left(\frac{2}{3}\text{ 以上}\right)$ ということは，座標平面の右上にグラフが現れる。つまり，比例定数 a は正である。

グラフを考えると，

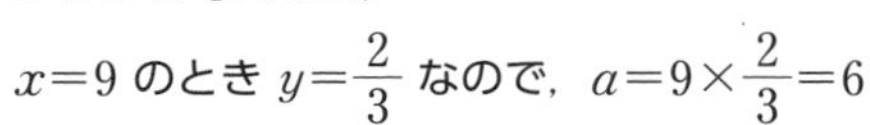

$x=9$ のとき $y=\frac{2}{3}$ なので，$a=9\times\frac{2}{3}=6$

よって，$y=\frac{6}{x}$

$x=4$ のとき $y=b$ より，$b=\frac{6}{4}=\frac{3}{2}$

くわしく! 反比例のグラフ……………… チャート式参考書 >>p.111

17 比例と反比例の利用

トライ ➡本冊 p.42

1 (1) **3.6 cm** (2) **20 分**

2 (1) **分速 80 m** (2) **480 m** (3) **5 分後**

3 (1) $\boldsymbol{0\leqq x\leqq8}$ (2) $\boldsymbol{y=3x}$

解説

1 (1) つるすおもりの重さが 2 倍になれば，ばねののびる長さも 2 倍になることから，ばねののびる長さはおもりの重さに比例する。

$300\div50=6$ (倍) より，$0.6\times6=3.6$ (cm)

(2) 一定の量の水に対して，1 分あたりにぬく水の量が 2 倍になれば，空になるまでの時間は $\frac{1}{2}$ になることから，空になるまでの時間は 1 分あたりにぬく水の量に反比例する。

$3\div2=\frac{3}{2}$ (倍) より，$30\times\frac{2}{3}=20$ (分)

2 (1) $1200 \div 15 = 80$

(2) Aさんについての式は $y=80x$ で，グラフよりBさんが駅に着いたのは出発してから6分後である。

(3) Bさんの分速は，グラフより $1200 \div 6 = 200$ (m)
学校を離れてから t 分後にAさんとBさんの間が600 m 離れるとすると，$200t-80t=600$　$t=5$

3 (1) BC=8 cm で，速さが秒速 1 cm なので，点Pは8秒後に点Cに着く。

(2) 高さは 6 cm，底辺は BP=x cm より，

$y=\frac{1}{2}\times x\times 6=3x$

チャレンジ ➡本冊 p.43

(1) $\boldsymbol{0 \leqq x \leqq 4}$　(2) $\boldsymbol{y=9x}$

解説

(1) 速さが秒速 2 cm なので，点Qは4秒後に点Aに着く。

(2) 高さは 6 cm，上底は QD=$2x$ cm，下底は BP=x cm より，

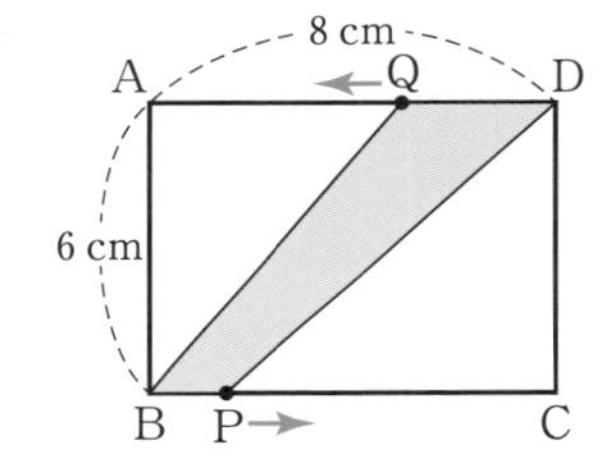

$y=\frac{1}{2}\times(2x+x)\times 6=9x$

確認問題④ ➡本冊 p.44

1 (1) △　(2) ○　(3) ×　(4) ○

2 (1) $\boldsymbol{y=-4x}$　(2) $\boldsymbol{y=-20}$

3 (1) $\boldsymbol{y=\frac{48}{x}}$　(2) $\boldsymbol{y=-16}$

4 (1) $\boldsymbol{y=\frac{1}{3}x}$

(2) $\boldsymbol{z=\frac{6}{y}}$

(3) $\boldsymbol{z=12}$

5 右図

6 (1) $\boldsymbol{y=\frac{1}{2}x}$

(2) $\boldsymbol{y=\frac{2}{x}}$

7 (1)① $\boldsymbol{y=\frac{6}{5}x}$　② $\boldsymbol{0 \leqq y \leqq 72}$

(2)① $\boldsymbol{y=\frac{72}{x}}$　② **48分**

8 (1) $\boldsymbol{0 \leqq x \leqq 6}$　(2) $\boldsymbol{y=5x}$　(3) $\boldsymbol{0 \leqq y \leqq 30}$

解説

1 x と y の関係はそれぞれ次のようになっている。

(1) $y=\frac{10}{x}$　(2) $y=2x$　(3) $x+y=5$　(4) $y=6x$

2 (1) $y=ax$ とおくと，$8=-2a$　$a=-4$

3 (1) $xy=a$ より，$a=12\times 4=48$

4 (1) $y=ax$ とおくと，$2=6a$　$a=\frac{1}{3}$

(2) $yz=a$ より，$a=3\times 2=6$

(3) $x=\frac{3}{2}$ を $y=\frac{1}{3}x$ に代入して，$y=\frac{1}{3}\times\frac{3}{2}=\frac{1}{2}$

$z=\frac{6}{y}$ に代入して，$z=6\div\frac{1}{2}=12$

5 座標が整数であるような点を探す。

(3) $(2,\ -6)$，$(3,\ -4)$，$(4,\ -3)$，$(6,\ -2)$ を通る。
また，これらと原点について対称（たいしょう）な点も通る。

6 (1) $(4,\ 2)$ を通るので，$a=\frac{2}{4}=\frac{1}{2}$

$y=\frac{1}{2}x$ で，$x=-2$ のとき $y=-1$

(2) 反比例のグラフも，この点 $(-2,\ -1)$ を通っている。

$-2\times(-1)=2$ より，式は $y=\frac{2}{x}$

7 (1)① $y=\frac{30\times 40\times x}{1000}=\frac{6}{5}x$

② 水面の高さは 0 cm 以上 60 cm 以下なので，x の変域は $0 \leqq x \leqq 60$

$x=0$ のとき $y=0$

$x=60$ のとき $y=\frac{6}{5}\times 60=72$

よって，$0 \leqq y \leqq 72$

(2)① いっぱいになったときの水の体積は 72 L である。

$xy=72$ より，$y=\frac{72}{x}$

② $72\div\frac{3}{2}=48$ (分)

8 (1) 点Pは速さが秒速 3 cm なので，
$18\div 3=6$ (秒後) に点Cに着く。

(2) 高さは 5 cm，底辺は QP=$(3x-x)=2x$ (cm)

より，$y=\frac{1}{2}\times 2x\times 5=5x$

(3) (1) より，$y=5x$ に $x=6$ を代入して，
$y=5\times 6=30$

18 平面上の直線

トライ ➡本冊 p.46

1

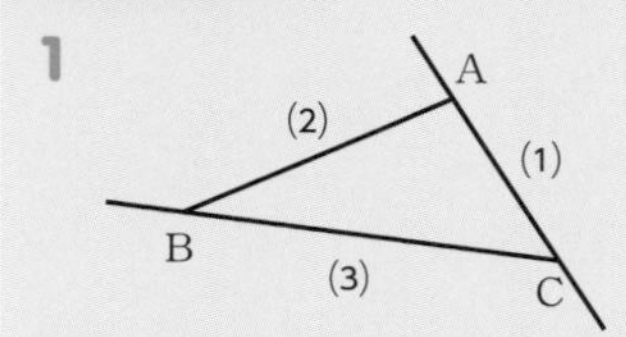

2 (1)① **AD∥BC** ② **BC⊥DC**
(2) **8 cm** (3) **7 cm**

3 (1) **CD⊥ℓ** (2) **AB∥m**

4 (1) **25°** (2) **55°**

解説

1 (1) 2点A，Cを通り，両方向に限りなくのびたまっすぐな線。
(2) 直線ABのうち，点Aから点Bの部分。
(3) 直線CBのうち，点Cから点Bの方向に限りなくのびた部分。

2 (2) 点Aから辺BCにひいた垂線の長さ。

くわしく！ 距離…… チャート式参考書 >>p.129

3 (1) AB∥CD，AB⊥ℓ より，CDとℓも垂直に交わる。
(2) ℓ⊥AB，ℓ⊥m より，ABとmは平行である。

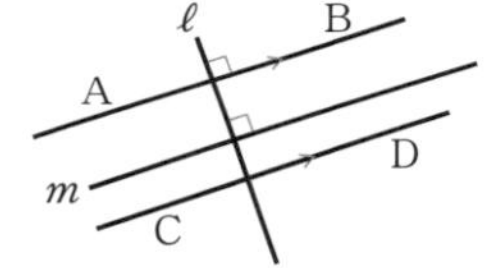

4 (1) ∠AOC＝∠DOC－∠DOA＝90°－65°＝25°
(2) ∠EOD＝∠BOD＋30°＝(∠BOA－65°)＋30°
＝(90°－65°)＋30°＝55°

チャレンジ ➡本冊 p.47

図の実線の部分。ただし，点Bと点Cは除く。

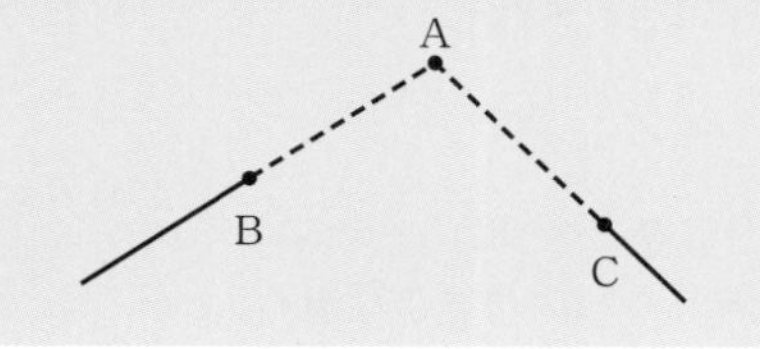

解説

直線ABとACを考える。解答の図において，たとえば，半直線ABの実線の部分から点Bと点Cは見えるが，点Aは点Bの後ろにあるから見えない。半直線ACについても同じ。

19 図形の移動

トライ ➡本冊 p.48

1

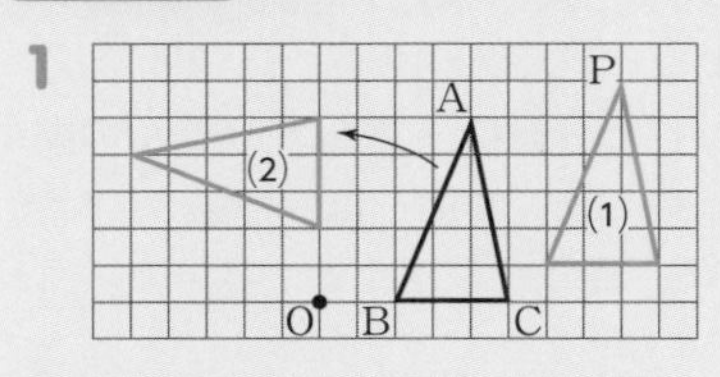

2

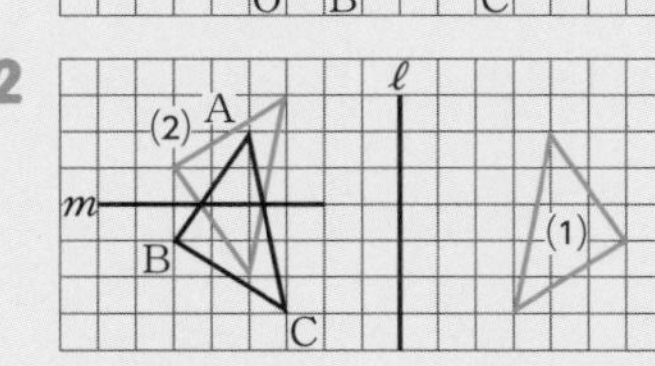

3 (1) **エ** (2) **ウ**

4 **16 cm**

解説

1 点の移動を考える。
(1) B，Cをそれぞれ右に4，上に1だけ移動して，それぞれの点を結ぶ。
(2) A，B，CをそれぞれOを中心として矢印の方向に90°回転させて，それぞれの点を結ぶ。

2 点A，B，Cをそれぞれ対称の軸に垂直で，軸の反対側に同じ長さの点を取り，それぞれの点を結ぶ。

3 (1) エを左に10，上に2だけ平行移動するとアに重なる。
(2) 対称の軸は右の図のℓである。

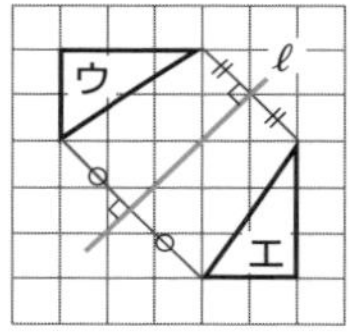

4 線分ACと直線ℓの交点をP，線分AEと直線mの交点をQとすると，PC＝PA，QA＝QEとなる。
CE＝PC＋PA＋QA＋QE
＝2PQ＝2×8＝16 (cm)

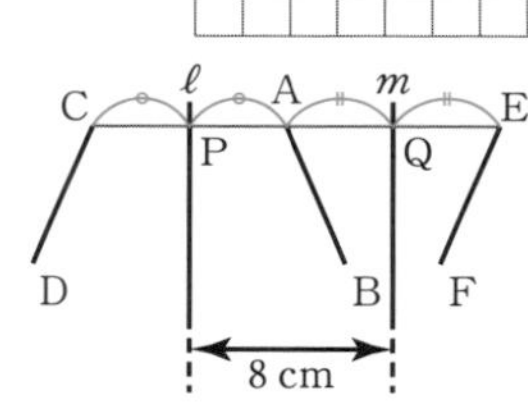

チャレンジ ➡本冊 p.49

80°

解説

点Pと点Qは直線OAを対称の軸として対称なので，
∠POA＝∠QOA
同様にして，∠POB＝∠ROB
∠QOR＝∠QOA＋∠POA＋∠POB＋∠ROB
＝2(∠POA＋∠POB)＝2×40°＝80°

くわしく！ 対称移動と回転移動…… チャート式参考書 >>p.135

20 作図①

トライ ➡本冊 p.50

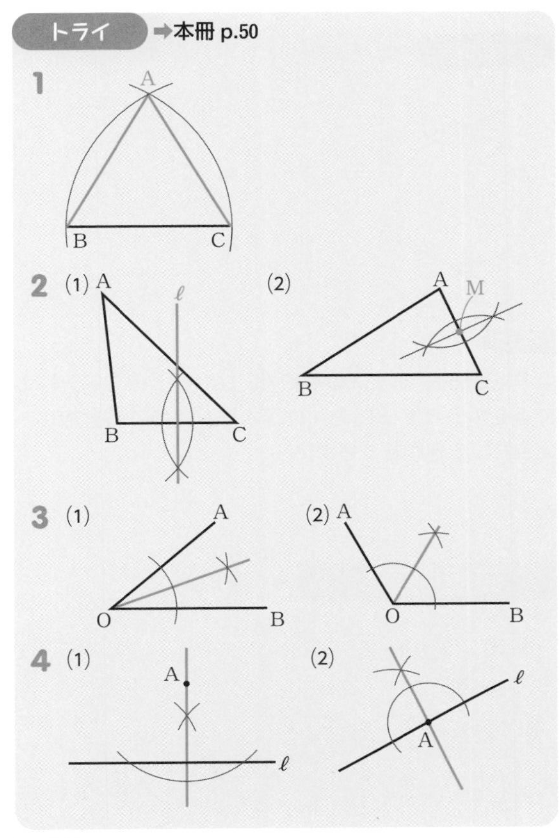

解説

1 点Bを中心とする半径BCの円と，点Cを中心とする半径CBの円との交点の1つをAとする。AとB，AとCをそれぞれ結ぶ。

くわしく! 三角形の作図……………………… チャート式参考書 >>p.139

2 (2) 頂点A，Cから等しい距離にある点を，辺ACの中点という。ACの垂直二等分線とACとの交点をMとすればよい。

チャレンジ ➡本冊 p.51

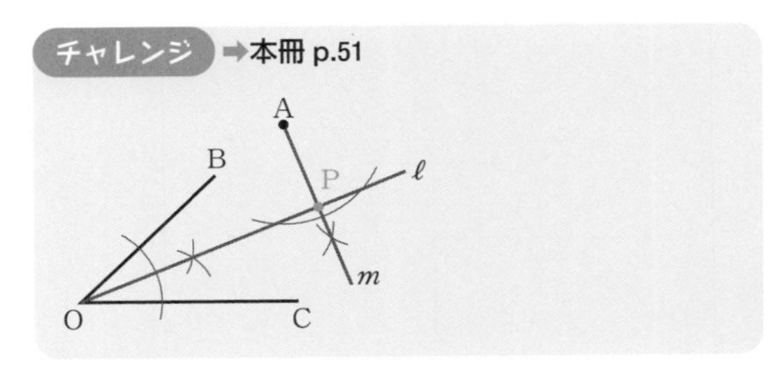

解説

∠BOCの二等分線 ℓ と，点Aを通る ℓ の垂線 m を作図する。ℓ と m の交点をPとすればよい。

21 作図②

トライ ➡本冊 p.52

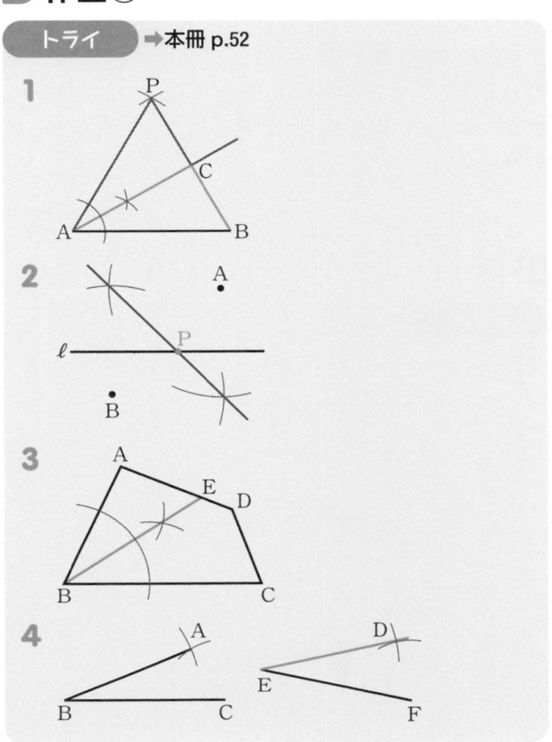

解説

1 ABを1辺とする正三角形PABをかく。
∠PABの二等分線をひき，線分BPとの交点をCとする。このとき，∠A=30°，∠B=60°，∠C=90°となり，三角形ABCが求める直角三角形である。

2 2点A，Bをそれぞれ中心として，同じ半径の円をかき，2つの円の交点を通る直線をひく。
この直線と直線 ℓ との交点をPとする。

3 辺BAと辺BCが重なるとき，折り目をBEとすると∠ABE=∠CBEであるから，求める折り目は，∠ABCの二等分線。

くわしく! 折り目の作図……………………… チャート式参考書 >>p.145

4 点Eを中心とする半径BAの円と，点Fを中心とする半径CAの円との交点の1つをDとし，半直線EDをひく。

チャレンジ ➡本冊 p.53

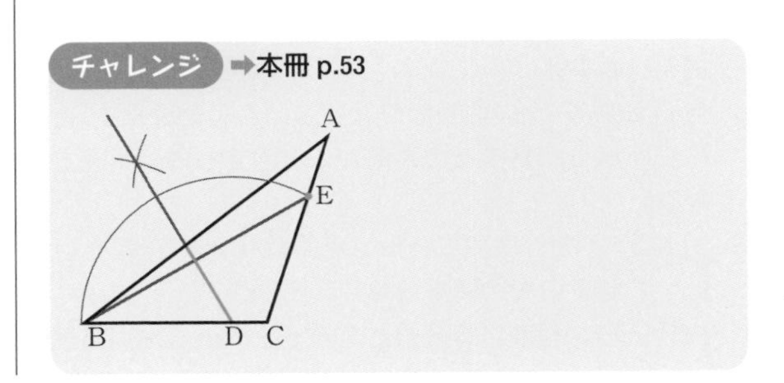

解説

点Eは辺 AC 上にあって，DB＝DE であることから，まずEの位置が決まる。
点Dを中心とする半径 DBの円と辺 AC の交点をEとする。線分 BE の垂直二等分線と辺 AB との交点と点Dを結ぶ。

22 円

トライ ➡本冊 p.54

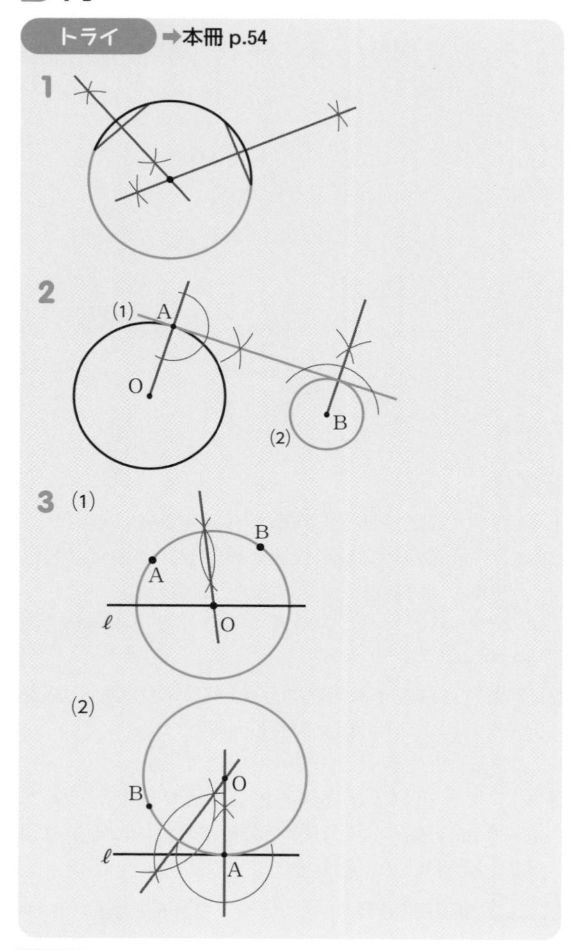

解説

1 適当な 2 本の弦をひき，それぞれの垂直二等分線を作図すれば，交点が円の中心となる。

2 (1) 半直線 OA をひき，点Aを通る OA の垂線を作図すればよい。

(2) 点Bを通る (1) の垂線を作図する。この垂線と (1) との交点から点Bまでの距離(きょり)が，作図する円の半径となる。

3 (1) 線分 AB の垂直二等分線と直線 ℓ との交点をOとし，半径 OA の円をかく。

(2) 線分 AB の垂直二等分線と直線 ℓ 上の点Aを通る垂線との交点をOとし，半径 OA の円をかく。

チャレンジ ➡本冊 p.55

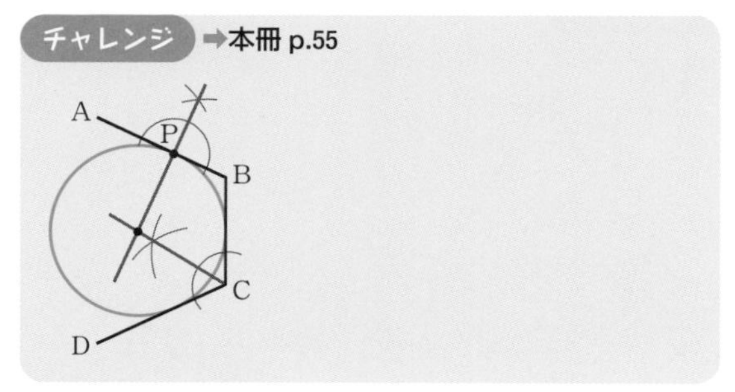

解説

点Pを通る線分 AB の垂線と，∠BCD の二等分線の交点を中心とする円をかけばよい。角の二等分線は，∠ABC で作図してもよい。

確認問題⑤ ➡本冊 p.56

1 (1) **∠BAD (∠DAB)**

(2) **ア，ウ**

2

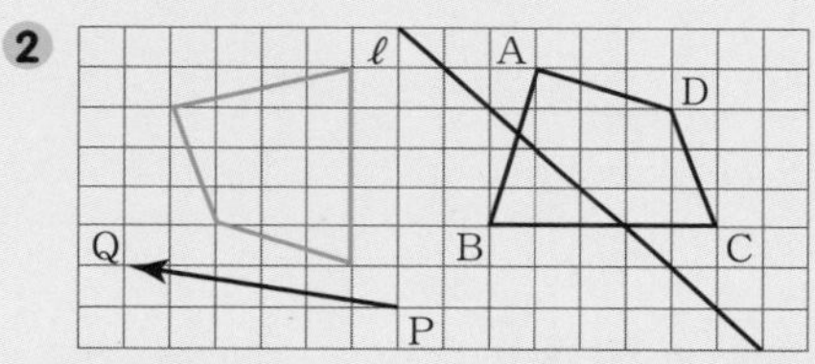

3 **(例) 直線 m に向かう垂直な向きに 12 cm 平行移動したもの。**

4 **170°**

5 (1)

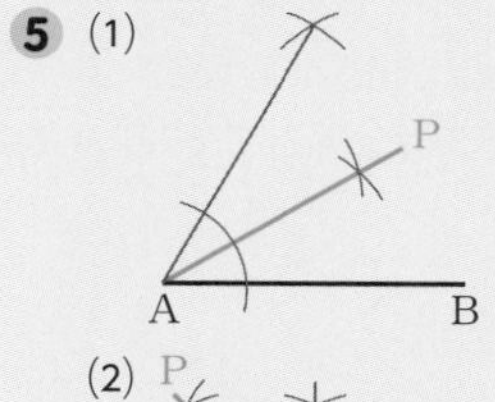

(2)

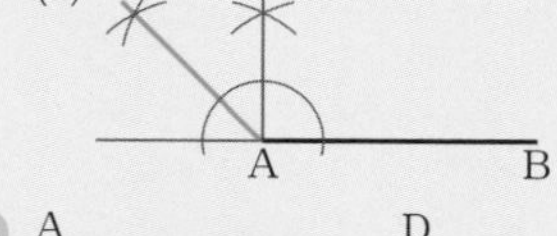

6

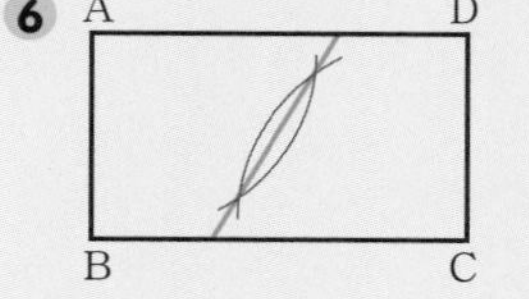

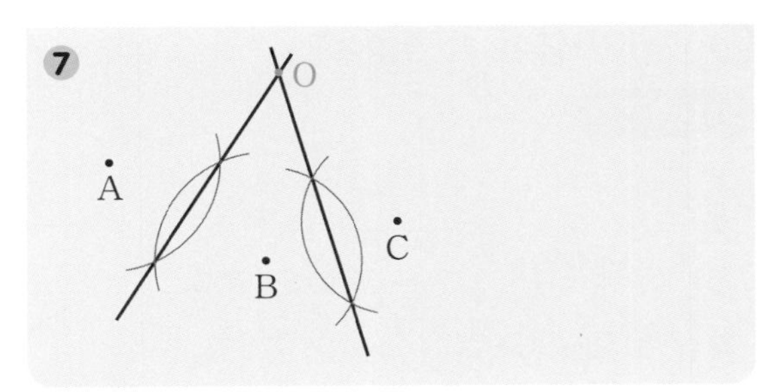

解説

1 (2)ア DC⊥AD，DC⊥BC より，AD∥BC
イ 点 A，B 間の距離は 5 cm だが，点 A と線分 BC との距離は 4 cm である。

くわしく！ 2 直線の関係……………………… チャート式参考書 >>p.126

2 頂点 A，B，C，D それぞれを直線 ℓ を軸として対称移動した点を，それぞれ矢印 PQ の方向に線分 PQ の長さだけ平行移動した点を順に結ぶ。

3 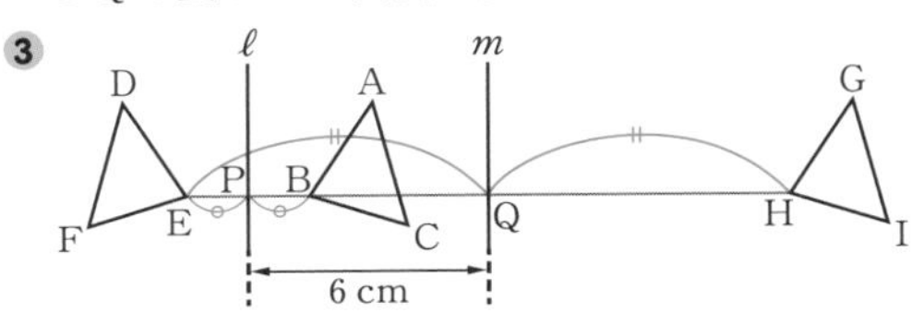

線分 BE と直線 ℓ の交点を P，線分 EH と直線 m の交点を Q とすると，PB＝PE，QH＝QE となる。
BH＝BQ＋QH＝BQ＋QE
＝(PQ－PB)＋(PQ＋PE)
＝PQ－PE＋PQ＋PE
＝2PQ＝2×6＝12 (cm)

4 ∠BOX＝180°－30°＝150°，
∠XOC＝70°－30°＝40° であるから，求める角は
360°－(150°＋40°)＝170°

5 (1) 正三角形の作図を利用して，A を頂点とした 60° の角をつくり，二等分線をひけば，30° の角ができる。
(2) 点 A を通る半直線 BA の垂線を作図し，直角の二等分線をひけば，90°＋45°＝135° の角ができる。

6 線分 AC の垂直二等分線と辺 AD，BC との交点を結ぶ線分が折り目になる。

7 線分 AB の垂直二等分線と線分 BC の垂直二等分線の交点を O とすればよい。

第 6 章 空間図形

23 いろいろな立体 / 直線や平面の位置関係

トライ ➡本冊 p.58

1 (1) 正方形 (2) 五角形，長方形
(3) 正方形，二等辺三角形

2 (1) 正五角形
(2) 正四面体，正八面体，正二十面体

3 ア，ウ

4 (1) 面 DEKJ
(2) 面 ABCDEF，GHIJKL

解説

2 正六面体は面の形が正方形，正十二面体は面の形が正五角形，これ以外の正多面体の面の形は正三角形である。

3 イ 右の図のように，平面 Q と平面 R が交わる場合がある。

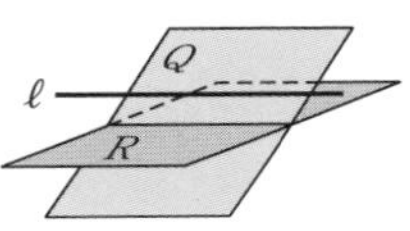

エ 右の図のように，直線 ℓ と直線 m がねじれの位置にある場合がある。

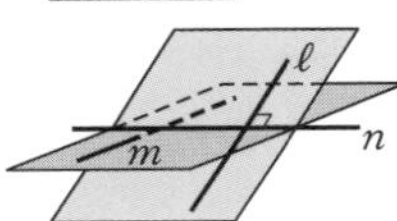

チャレンジ ➡本冊 p.59

17 cm

解説

辺 AB とねじれの位置にある辺は
FG，GH，HE，CG，DH
よって 2＋3＋6＋3＋3＝17 (cm)

24 立体のいろいろな見方

トライ ➡本冊 p.60

1 底面が 1 辺 4 cm の正方形で高さが 6 cm の正四角柱（直方体）。

2 (1)ア 円　イ 円　(2)ア 三角形　イ 長方形

3 (1) 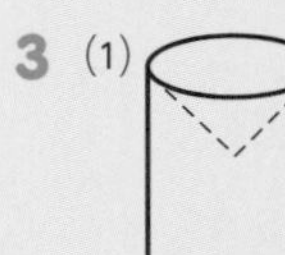 (2) 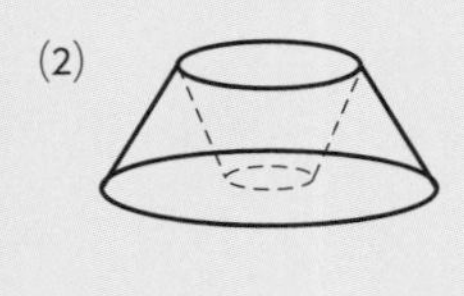

4 (1) 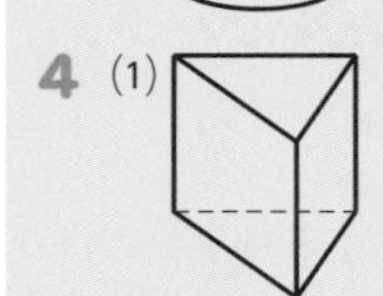 (2) 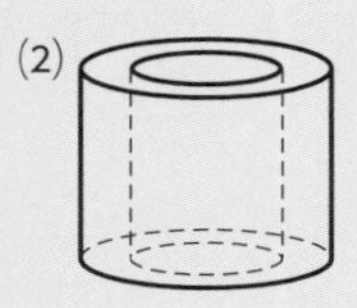

解説

2 ℓ を軸としてできる回転体を，平面で切った切り口を考える。

(2) 回転の軸をふくむ平面で切ると，切り口は回転の軸が対称（たいしょう）の軸である線対称な図形になる。

くわしく! 回転体を平面で切った切り口… チャート式参考書 >>p.168

3 軸に線対称な図形をかいてから，円の部分をかきたす。

くわしく! 回転体の見取図……………… チャート式参考書 >>p.169

4 (1) は三角柱，(2) は円柱から円柱をくり抜いた立体になる。

チャレンジ ➡本冊 p.61

(1) 五角柱　(2) 7

解説

(1) 平面図が長方形をあわせた図形なので，角柱である。立面図が五角形なので，五角柱の投影図であることがわかる。

(2) 底面が五角形で，辺の数が 5 なので，側面の数も 5 になり，2 つある底面とあわせて全部で 7 になる。

25 立体の体積と表面積①

トライ ➡本冊 p.62

1 (1) $20\ \mathrm{cm}^3$　(2) $96\pi\ \mathrm{cm}^3$

2 (1) $21\ \mathrm{cm}^3$　(2) $75\pi\ \mathrm{cm}^3$

3 (1) $x=9$　(2) 1 辺 4 cm の正四面体

4 (1)① 面イ，面ウ，面エ，面カ
② 面カ
③ 面イ，面エ
④ 面ウ，面オ

(2) 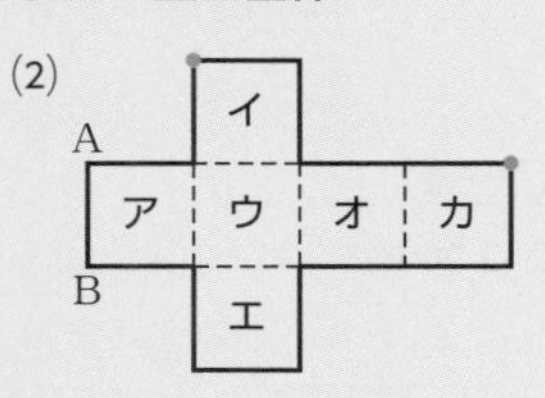

解説

1 (1) 底面が 1 辺 2 cm の正方形，高さが 5 cm なので，$2\times2\times5=20\ (\mathrm{cm}^3)$

(2) $\pi\times4^2\times6=96\pi\ (\mathrm{cm}^3)$

2 (1) $\frac{1}{3}\times3\times3\times7=21\ (\mathrm{cm}^3)$

(2) $\frac{1}{3}\times\pi\times5^2\times9=75\pi\ (\mathrm{cm}^3)$

3 (1) 角柱や円柱では，側面は長方形になり，横の長さは底面の周の長さと等しくなる。
底面が正三角形なので，周の長さは $3\times3=9\ (\mathrm{cm})$

4 展開図を組み立てると右の図のような立体になる。

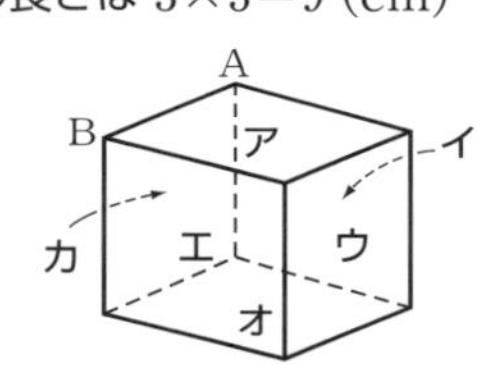

くわしく! 展開図から立体を考える…… チャート式参考書 >>p.176

チャレンジ ➡本冊 p.63

(1) $12\ \mathrm{cm}^3$　(2) $\frac{64}{3}\ \mathrm{cm}^3$

解説

(1) 底面が底辺 4 cm，高さ 3 cm の三角形で，高さが 2 cm の三角柱になる。

(2) 底面が底辺 4 cm，高さ 4 cm の三角形で，高さが 8 cm の三角錐になる。

26 立体の体積と表面積②

トライ ⇒本冊 p.64

1 (1) 弧の長さ：4π cm　面積：24π cm^2

(2) 弧の長さ：7π cm　面積：35π cm^2

2 (1) 5π cm^2　(2) $72°$

3 (1) $\left(8+\frac{8}{3}\pi\right)$ cm　(2) $\frac{8}{3}\pi$ cm^2

解説

1 (1) 弧の長さは，$2\pi\times12\times\frac{60}{360}=4\pi$ (cm)

面積は，$\pi\times12^2\times\frac{60}{360}=24\pi$ (cm^2)

別解 半径 r，中心角 $a°$ のおうぎ形の弧の長さを ℓ，面積を S とすると，

$\ell=2\pi r\times\frac{a}{360}$ …… ①，$S=\pi r^2\times\frac{a}{360}$

① の両辺に $\frac{1}{2}r$ をかけて，$\frac{1}{2}\ell r=\pi r^2\times\frac{a}{360}$

つまり，$S=\frac{1}{2}\ell r$ であるので，面積は，

$\frac{1}{2}\times4\pi\times12=24\pi$ (cm^2)

2 (1) $\frac{1}{2}\times2\pi\times5=5\pi$ (cm^2)

(2) 中心角の大きさを $x°$ とすると，

$2\pi\times5\times\frac{x}{360}=2\pi$　　$x=72$

くわしく! おうぎ形の弧の長さ・面積 …… チャート式参考書 >>p.177

3 (1) $\overset{\frown}{AB}=2\pi\times5\times\frac{60}{360}=\frac{5}{3}\pi$ (cm)

$\overset{\frown}{CD}=2\pi\times3\times\frac{60}{360}=\pi$ (cm)

求める長さは，$\overset{\frown}{AB}+\overset{\frown}{CD}+AC+BD$

$=\frac{5}{3}\pi+\pi+4+4=8+\frac{8}{3}\pi$ (cm)

(2) おうぎ形 AOB の面積は，

$\pi\times5^2\times\frac{60}{360}=\frac{25}{6}\pi$ (cm^2)

おうぎ形 COD の面積は，

$\pi\times3^2\times\frac{60}{360}=\frac{9}{6}\pi$ (cm^2)

求める面積は，おうぎ形 AOB と △BODの面積の和から，△AOC とおうぎ形 COD の面積をひいたものである。△BOD と △AOC は面積が等しいので，$\frac{25}{6}\pi-\frac{9}{6}\pi=\frac{8}{3}\pi$ (cm^2)

チャレンジ ⇒本冊 p.65

$(4+\pi)$ cm^2

解説

求める面積は，長方形 BCON とおうぎ形 OMC の面積の和から，△BMN の面積をひいたものである。

$2\times6+\pi\times2^2\times\frac{90}{360}-\frac{1}{2}\times2\times(6+2)=4+\pi$ (cm^2)

27 立体の体積と表面積③

トライ ⇒本冊 p.67

1 (1) 168 cm^2　(2) 189 cm^2　(3) 66π cm^2

2 (1) 160π cm^2　(2) $240°$

3 (1) 体積：36π cm^3　表面積：36π cm^2

(2) 体積：$\frac{500}{3}\pi$ cm^3　表面積：100π cm^2

解説

1 (1) 底面積は，$\frac{1}{2}\times8\times6=24$ (cm^2)

側面積は，$5\times(8+6+10)=120$ (cm^2)

表面積は，$24\times2+120=168$ (cm^2)

(2) 底面積は，$7\times7=49$ (cm^2)

側面積は，$\left(\frac{1}{2}\times7\times10\right)\times4=140$ (cm^2)

表面積は，$49+140=189$ (cm^2)

(3) 底面積は，$\pi\times3^2=9\pi$ (cm^2)

側面積は，$8\times(2\pi\times3)=48\pi$ (cm^2)

表面積は，$9\pi\times2+48\pi=66\pi$ (cm^2)

2 (1) 底面積は，$\pi\times8^2=64\pi$ (cm^2)

側面積は，$\frac{1}{2}\times(2\pi\times8)\times12=96\pi$ (cm^2)

表面積は，$64\pi+96\pi=160\pi$ (cm^2)

くわしく! 円錐の表面積 …… チャート式参考書 >>p.180

(2) 中心角の大きさを $x°$ とすると，

$2\pi\times12\times\frac{x}{360}=2\pi\times8$　　$x=240$

3 (1) 体積は，$\frac{4}{3}\pi\times3^3=36\pi$ (cm^3)

表面積は，$4\pi\times3^2=36\pi$ (cm^2)

チャレンジ ⇒本冊 p.67

88π cm^2

解説

上下の底面積の和は，$\pi\times2^2+\pi\times6^2=40\pi\ (\mathrm{cm}^2)$
もとの円錐の側面は，半径 9 cm，
弧の長さ $2\pi\times6=12\pi$ (cm) のおうぎ形である。また，
切り取った円錐の側面は，半径 $9-6=3$ (cm)，
弧の長さ $2\pi\times2=4\pi$ (cm) のおうぎ形である。
(円錐台の側面積)
＝(もとの円錐の側面積)－(切り取った円錐の側面積)
$=\frac{1}{2}\times12\pi\times9-\frac{1}{2}\times4\pi\times3=48\pi\ (\mathrm{cm}^2)$
よって，表面積は，$40\pi+48\pi=88\pi\ (\mathrm{cm}^2)$

28 立体の体積と表面積④

トライ ➡本冊 p.69

1 $72\pi\ \mathrm{cm}^3$
2 $216\pi\ \mathrm{cm}^3$
3 右図

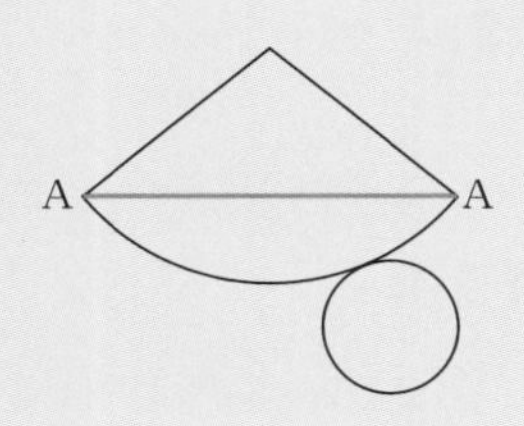

解説

1 求める体積は，底面の半径 3 cm，高さ 4 cm の円柱の体積と，半径 3 cm の球の体積の和になる。
$\pi\times3^2\times4+\frac{4}{3}\times\pi\times3^3=72\pi\ (\mathrm{cm}^3)$

2 底面の半径 6 cm，高さ 9 cmの円柱の体積から，同じ半径，高さの円錐の体積をひく。
$\pi\times6^2\times9-\frac{1}{3}\times\pi\times6^2\times9=\frac{2}{3}\times\pi\times6^2\times9$
$=216\pi\ (\mathrm{cm}^3)$

チャレンジ ➡本冊 p.69

$50\ \mathrm{cm}^3$

解説

立体は，底面が長方形 ADFC で，高さが辺 ED の四角錐と考えることができるから，求める体積は
$\frac{1}{3}\times5\times6\times5=50\ (\mathrm{cm}^3)$

確認問題⑥ ➡本冊 p.70

1 (1) × (2) × (3) ○ (4) ×

2

3 (1) 体積：$64\pi\ \mathrm{cm}^3$ 表面積：$(48\pi+64)\ \mathrm{cm}^2$
(2) 体積：$\frac{343}{3}\pi\ \mathrm{cm}^3$ 表面積：$98\pi\ \mathrm{cm}^2$

4 (1) $480\ \mathrm{cm}^2$ (2) $48\pi\ \mathrm{cm}^2$

5 $\frac{100}{3}\pi\ \mathrm{cm}^3$

6 1 cm

7 $40\pi\ \mathrm{cm}^2$

解説

1 (1) 直線 ℓ と直線 n がねじれの位置にある場合がある。
(2) 平面 P と平面 R が交わる場合がある。
(4) 右の図のような場合，$P\perp m$ とはならない。

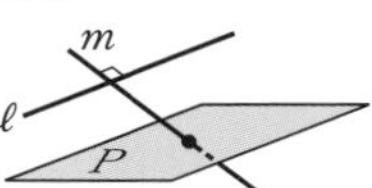

2 図 1 のように立方体の頂点を決めるとき，展開図の頂点は図 2 のようになる。

(図1)

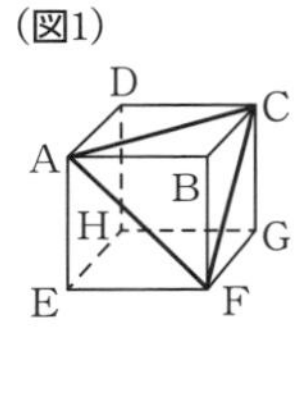

(図2)

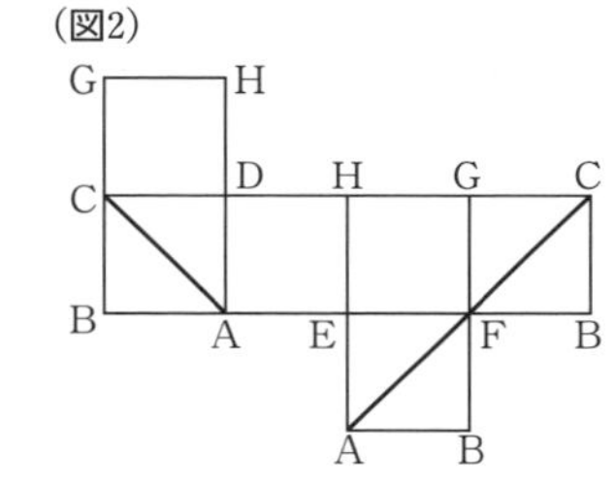

3 (1) 底面積は，$\pi\times4^2\times\frac{1}{2}=8\pi\ (\mathrm{cm}^2)$
体積は，$8\pi\times8=64\pi\ (\mathrm{cm}^3)$
側面積は，$8\times\left(8\pi\times\frac{1}{2}+8\right)=32\pi+64\ (\mathrm{cm}^2)$
表面積は，$8\pi\times2+32\pi+64=48\pi+64\ (\mathrm{cm}^2)$
(2) 体積は，$\frac{4}{3}\times\pi\times7^3\times\frac{1}{4}=\frac{343}{3}\pi\ (\mathrm{cm}^3)$
表面積は，$4\pi\times7^2\times\frac{1}{4}+\pi\times7^2\times\frac{1}{2}\times2=\pi\times7^2\times2$
$=98\pi\ (\mathrm{cm}^2)$

4 (1) $7\times10\times4+10\times10\times2=480\ (\mathrm{cm}^2)$
(2) 底面積は，$\pi\times4^2=16\pi\ (\mathrm{cm}^2)$
側面積は，$\frac{1}{2}\times(2\pi\times4)\times8=32\pi\ (\mathrm{cm}^2)$
表面積は，$16\pi+32\pi=48\pi\ (\mathrm{cm}^2)$

5 底面が半径 3 cm，高さが 4 cm の円柱から，底面が半径 (3−1) cm，高さが (4−2) cm の円錐を取り除いた立体になる。

$\pi\times3^2\times4-\frac{1}{3}\times\pi\times2^2\times2=\frac{100}{3}\pi(\text{cm}^3)$

6 球の体積は $\frac{4}{3}\pi\times3^3=36\pi$ (cm³) であるから，水面の高さが x cm 上がるとすると

$\pi\times6^2\times x=36\pi \qquad x=1$

7 A の側面のおうぎ形の弧の長さは

$2\pi\times5=10\pi$ (cm)，

B の側面のおうぎ形の弧の長さは $2\pi\times3=6\pi$ (cm)

できた円の半径を r cm とすると，

$2r\pi=10\pi+6\pi \qquad r=8$ (cm)

よって，A の側面積は，$\frac{1}{2}\times10\pi\times8=40\pi$ (cm²)

第 7 章 データの活用

29 データの整理とその活用①

トライ ➡本冊 p.72

1 イ

2 (1) 最頻値：25.0 cm　中央値：24.75 cm

(2) 25.0 cm

3

階級(m)	度数(人)
20 以上～25 未満	5
25 ～30	9
30 ～35	4
35 ～40	2
計	20

4 (1) 50 cm 以上 55 cm 未満　(2) 12 人

解説

1 ア 最頻値が 3 本であったときにいえる。

ウ 中央値が 3 本であったときにいえる。

2 データを小さい方から順に並べると，

23.0　23.5　23.5　24.0　24.0　24.0

24.5　24.5　24.5　25.0　25.0　25.0

25.0　25.0　25.0　25.5　25.5　26.0

(1) 中央値は，$\frac{24.5+25.0}{2}=24.75$ (cm)

(2) もっとも売れたサイズを多く仕入れるとよいと考えられる。

4 (1) 1 番目と 2 番目の生徒 2 人は 55 cm 以上 60 cm 未満の階級に入っている。3 番目から 6 番目の生徒 4 人は 50 cm 以上 55 cm 未満の階級に入っている。

(2) $6+4+2=12$ (人)

チャレンジ ➡本冊 p.73

22 分

解説

それぞれの階級の階級値は，小さい順に

5，15，25，35，45

(階級値×度数) の合計は，

$5\times5+15\times9+25\times8+35\times6+45\times2=660$ (分)

平均値は，$660\div30=22$ (分)

くわしく！ 度数分布表と代表値 ………… チャート式参考書 >>p.193

30 データの整理とその活用②，確率

トライ ➡本冊 p.75

1 (1)ア 0.25　イ 0.3　ウ 1.00

(2)

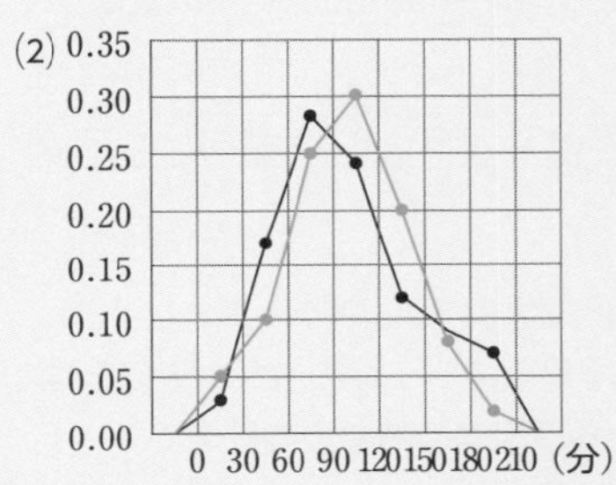

2 エ 32　オ 56　カ 72　キ 0.90

解説

1 (1)ウ 相対度数の合計は 1 になる。

(2) 相対度数を折れ線グラフにすることで，分布のようすが異なっていることがわかる。

2 カが 72 人なので，キ$=\frac{72}{80}=0.90$

くわしく！ 累積度数 ………… チャート式参考書 >>p.191

チャレンジ ➡本冊 p.75

9 人

解説

表より，レポート作成で参考にした本の冊数が 4 冊未満の生徒は 38 人で，このうち 3 冊未満の生徒は 29 人なので，$38-29=9$ (人)

確認問題⑦ ➡本冊 p.76

1 (1) **8.5 秒以上 9.0 秒未満** (2) **8.75 秒**

(3)

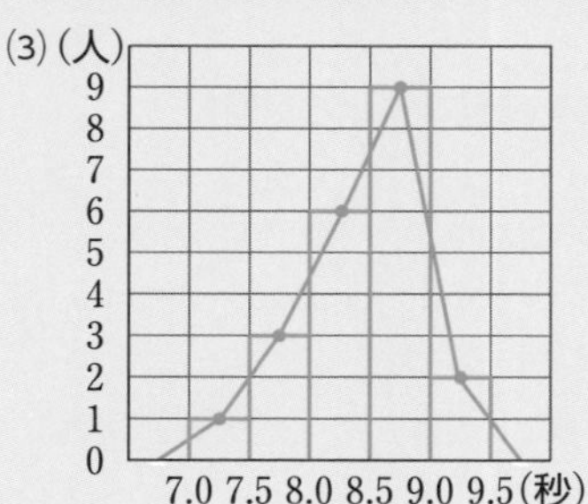

2 (1) **6 人** (2) **イ, ウ, エ**

3 (1) **ア 0.30　イ 15　ウ 0.50　エ 22　オ 2**

(2) **9 日** (3) **0.27**

4 (1) **3 日** (2) **0.7** (3) **70 % 以上 80 % 未満**

5

投げた回数	100	300	500	1000	2000
奇数の目が出た回数	54	152	246	499	1002
相対度数	0.54	0.51	0.49	0.50	0.50

解説

1 (1) データの個数が 21 個なので，大きい（小さい）方から数えて 11 番目のデータの値が中央値となる。

(2) 8.5 秒以上 9.0 秒未満の階級の階級値で，

$$\frac{8.5+9.0}{2}=8.75\ (秒)$$

(3) ヒストグラムをかいてから，各長方形の上の辺の中点を結ぶ。

くわしく！ ヒストグラム・度数折れ線 …… チャート式参考書 >>p.194

2 1 組だけの分布と 1 年全体の分布をまちがえないようにする。

3 (1)オ 度数の合計が 30 日であることから

$30-(1+8+6+7+5+1)=2$ (日)

別解 累積度数に注目して，$29-27=2$ (日)

4 (1) 60 % 未満が 5 日，そのうち 50 % 未満が 2 日なので，$5-2=3$ (日)

(2) $\dfrac{21}{30}=0.7$

(3) データの個数が 30 個なので，大きい（小さい）方から数えて 15 番目と 16 番目のデータの平均値が中央値となる。

5 各回数において，(奇数の目が出た回数)÷(投げた回数) を計算する。投げた回数が増えると値が 0.50 に近づいていることから，奇数の目が出る確率は 0.50 と考えられる。

入試対策テスト ➡本冊 p.78

1 (1) **8** (2) **14**

2 (1) $3x-9$ (2) $\dfrac{5}{6}x-\dfrac{7}{6}$

3 (1) **20 g** (2) **400**

4

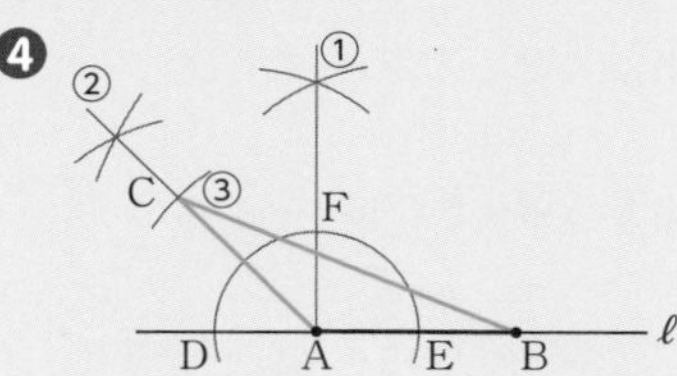

5 $\dfrac{160}{3}\ \mathrm{cm}^3$

6 (1) $a=2$, $b=8$ (2) $3\ \mathrm{cm}^2$

7 (1) **30 人** (2) **1.5 km**

解説

1 (1) $-4+9-(2-5)=5-(-3)=5+3=8$

(2) $2\times(-3)^2+(-8)\div2=2\times9-4=18-4=14$

2 (1) $4(2x-1)-5(x+1)=8x-4-5x-5=3x-9$

(2) $\dfrac{3x-5}{2}-\dfrac{2(x-2)}{3}=\dfrac{3}{2}x-\dfrac{5}{2}-\dfrac{2}{3}x+\dfrac{4}{3}$

$=\dfrac{9}{6}x-\dfrac{4}{6}x-\dfrac{15}{6}+\dfrac{8}{6}=\dfrac{5}{6}x-\dfrac{7}{6}$

3 (1) $\dfrac{4}{100}\times500=20\ (\mathrm{g})$

(2) 食塩の重さについての方程式をつくると，

$\dfrac{4}{100}x+\dfrac{7}{100}\times200=\dfrac{5}{100}(x+200)$

$4x+7\times200=5(x+200)$　　$x=400$

400 g は，問題に適する。

くわしく！ 食塩水の問題 …………………… チャート式参考書 >>p.206

4 ① 直線 ℓ 上の点Aを中心として適当な半径の円をかき，直線 ℓ との交点を D，E とする。2 点 D，E を中心として，等しい半径の円をかき，その交点と点Aを通る直線をひくと，この直線は ℓ の垂線となる。

② ① の垂線と点Aを中心としてかいた円との交点をFとする。このとき，$\angle\mathrm{FAD}=90^\circ$ である。2 点 D，F を中心として，等しい半径の円をかき，その交点と点Aを通る直線をひくと，この直線は $\angle\mathrm{FAD}$ の二等分線となる。

③ AB=AC となる点Cを ② で作図した直線上にとり，2 点 B，C を結ぶ。このとき，

$\angle\mathrm{BAC}=\angle\mathrm{BAF}+\angle\mathrm{FAC}=90^\circ+90^\circ\div2=135^\circ$ となる。

5 立方体から，底面が直角三角形 ABC，高さが BF

である三角錐を取り除いた立体になる。立方体の体積は，$4\times4\times4=64$ (cm^3)

三角錐の体積は，$\frac{1}{3}\times\frac{1}{2}\times4\times4\times4=\frac{32}{3}$ (cm^3)

求める体積は，$64-\frac{32}{3}=\frac{160}{3}$ (cm^3)

❻ (1) 点Pは $y=ax$ のグラフ上の点であるから，
$y=ax$ に $x=2$，$y=4$ を代入して，
$4=a\times2$　　$a=2$

点Pは $y=\frac{b}{x}$ のグラフ上の点であるから，

$y=\frac{b}{x}$ に $x=2$，$y=4$ を代入して，

$4=\frac{b}{2}$　　$b=8$

(2) $y=2x$ に $y=2$ を代入して，$2=2x$　　$x=1$

よって，点Qの座標は
(1，2)

$y=\frac{8}{x}$ に $y=2$ を代入して，

$2=\frac{8}{x}$　　$x=4$

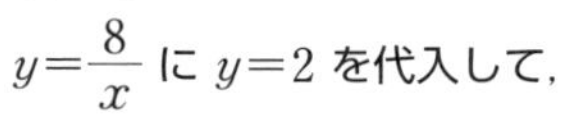

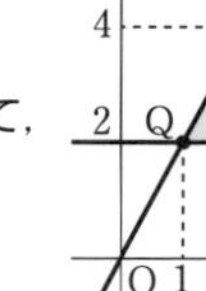

よって，点Rの座標は
(4，2)

したがって，QR$=4-1=3$ (cm)

△PQR の底辺を辺 QR としたときの高さは，
$4-2=2$ (cm)

よって，△PQR$=\frac{1}{2}\times3\times2=3$ (cm^2)

❼ (1) $120\times(0.20+0.05)=30$ (人)

(2) もっとも度数が多いのは，1 km 以上 2 km 未満の階級である。